NIE ECO SPECIAL 01

DOKDO

생태로 읽는 **독도 이야기**

국립생태원
NIE PRESS

도서 개발에 참여한 **국립생태원 연구원**

국립생태원 생태조사연구실은 생물다양성 증진을 위해
전국의 자연환경을 조사하고, 생태자연도를 작성, 갱신하는 등
국민들에게 정책적 대안과 정보를 제공하기 위해 노력하고 있습니다.

강지현 | 지형   **김창회** | 조류
박진영 | 곤충류   **서창완** | 경관생태학
이승혁 | 식물류   **최승세** | 식물류

NIE ECO SPECIAL 01

생태로 읽는 **독도 이야기**

발행일 2018년 8월 15일 초판 1쇄 발행

엮음 국립생태원

발행인 박용목

편집 책임 김웅식 | **편집** 전세욱

본문 구성·진행 진유정, 김정선

디자인 디자인집(김아현) | **그림** 신은영

원고 국립생태원(강지현, 김창회, 박진영, 서창완, 이승혁, 최승세), 김사흥, 김영식, 김용기, 송세규, 최윤

사진 국립생태원(강지현, 김창회, 박진영, 이승혁, 최승세), 신현철, 송세규,
　　　경북대학교 울릉도·독도연구소, 이화여자대학교(정병준 교수), 김동식, 김사흥, 김영식, 김용기

발행처 국립생태원 출판부 | **신고번호** 제458-2015-000002호(2015년 7월 17일)

주소 충남 서천군 마서면 금강로 1210 / www.nie.re.kr

문의 041-950-5999 / press@nie.re.kr

ⓒ 국립생태원 National Institute of Ecology
ISBN 979-11-88154-87-6
　　　979-11-88154-86-9(세트)

NIE ECO SPECIAL 01

DOKDO

생태로 읽는 독도 이야기

국립생태원
NIE PRESS

CONTENTS

section 01 __________ 독도를 **담다**

prologue __________

독도의 밤 © 신현철

누군가를 사랑한다는 것.

그리고
누군가를 안다는 것.

어디부터가 시작일까.

사랑하니 알고 싶어지는 것일까,
알고 나니 사랑하게 되는 것일까.

독도.

우리에겐 늘 저린 새끼손가락처럼
조금은 애틋하고 안쓰러운
한반도 최동단의 섬.

그 섬을 이야기하는 책을 준비하면서
우리는 두 가지 사실을 마주하게 되었다.

하나는
우리가 독도를 참 사랑한다는 사실.

또 하나는
그럼에도 우리가 독도를 잘 모른다는 사실.

동도에서 바라본 서도 © 신현철

동도의 해국과 서도 전경 © 신현철

독도는 외로운 섬이 아니다.

돌이 많아 돌섬, 독섬으로 불리다가
소리만 빌려와 '독도(獨島)'로 이름 붙여졌을 뿐.

독도는 동도와 서도, 두 개의 섬을 비롯해
크고 작은 바위들로 이루어져 있으며,

무엇보다 그곳에는 수많은 생물들이
사람과 더불어 살아가고 있다.

우리는 살아있는 독도의 참 모습을
보여주고, 알려주고 싶었다.

이제 더 이상
독도를 사랑하면서 제대로 알지 못하는
모순에 빠지지 않기를 바라는 마음과

독도의 참 모습을 제대로 알아가는 과정을 통해
독도에 대한 사랑이 더욱 깊어지기를
소망하는 마음을 담아

독자들에게
『에코 스페셜 - 독도』를 건넨다.

천장굴 위를 나는 괭이갈매기 © 신현철

서도와 괭이갈매기 ⓒ 서영우

발간사

국립생태원은 인간과 자연이 조화롭게 공존하는
환경을 만들고자 생태계 기초 연구와 전국자연환경조사,
생태정책 개발, 전시 및 교육, 생태지식문화 확산과
생태관광 활성화 등 다양한 역할을 수행하고 있습니다.

이번에 새롭게 선보이는 NIE ECO SPECIAL 시리즈는
국립생태원이 생태 조사와 연구를 해 온 지역 중
특별한 의미를 지닌 한 곳을 선정해
독자들에게 알기 쉽게 소개하는 특별기획 시리즈입니다.

그리고 이 시리즈의 첫 권은 망설임 없이 국토 최동단에 위치한
독도로 결정하였습니다.
독도는 우리 국민들의 많은 사랑과 관심을 받으면서도
쉽게 닿을 수 없어 늘 궁금하고,
애틋한 섬이기 때문입니다.

아무쪼록 이 책을 통해 우리 땅 독도의 아름다움과
생태의 신비를 마음껏 누리시고, 독도 생태조사를 위해
오랜 기간 애써 온 연구자들의 노고를
한 번 더 기억해주시기를
기대합니다.

국립생태원장 **박 용 목**

자연환경조사, 왜 필요할까?

자연환경조사는 우리나라 자연환경을 체
계적으로 보전하고 관리하기 위해 전국에
분포하는 주요 지형·경관, 식생 및 동·식물
등의 생물다양성과 생태계 현황을 파악하
는 일이다. 조사를 통해 수집된 자료들은
생태자연도 작성, 보호지역의 보전과 관리
등 정책 결정을 위한 기초 자료가 되어 국
가 생물다양성을 증진시키고 자연환경 보
전에 기여한다.

독도 조사선 ⓒ최승세
prologue | 자연환경조사

무인도서 자연환경조사 현장 ⓒ 최승세

우리나라에서 가장 규모가 큰 자연환경조사는 '전국자연환경조사'다. 제1차 전국 자연환경조사는 1986년부터 5개년 계획으로 전국의 자연생태계 현황을 조사하였고, 제2차 전국자연환경조사1997~2005년에서는 전국을 생태 권역으로 구분하고 지리적 단위 규모에 따라 조사하였다. 제3차 전국자연환경조사2006~2013년는 전국적 생물다양성과 생태계 현황을 보다 균일하고 충실하게 파악하고자 1:25,000 지형도 도엽 단위로 격자를 나누어 수행하였으며, 제4차 전국자연환경조사2014~2018년는 자연환경보전법제30조의 개정에 따라 조사 기간을 10년에서 5년 주기로 단축하여 수행하고 있다. 조사를 통해 얻어진 모든 분야지형경관, 식생, 식물상, 육상곤충, 저서성대형무척추동물, 어류, 양서·파충류, 조류, 포유류의 위치GPS에 의한 좌표와 관련 정보는 GIS-DB로 만들어 생태자연도 작성과 자연환경 정보 데이터베이스 구축에 활용하고 있다.

이밖에도 환경부·국립생태원에서는 전국 해안사구 정밀조사, 특정도서 정밀조사, 백두대간 생태계 정밀조사, 생태·경관보전지역 정밀조사, 독도 생태계 정밀조사, DMZ 일원 생태계조사, 외래 동·식물조사, 국가 장기 생태연구 등 생태계의 현황 및 변화를 파악하기 위해 다양한 조사를 하고 있다. 환경부의 각종 법령에 근거하여 진행되는 이러한 사업들은 국가적 차원에서 우리나라 자연환경의 현황을 파악하고 보전할 때 필요한 기초 자료 확보 작업이다.

독도 생태계 조사 단체 사진 ⓒ 최승세

무인도서 조사 중인 연구원 ⓒ 최승세

전국 무인도서 자연환경조사 ⓒ 최승세

동도의 모습 ⓒ 최승세

그중 독도 자연환경조사는 환경부에서 「독도 등 도서지역의 생태계 보전에 관한 특별법1997」에 의해 독도를 '특정도서 제1호'로 지정하면서 본격적으로 수행되었다. 독도의 자연환경조사는 제2차 전국자연환경조사1997~2005년의 일환으로 2001년에 처음 시작되었고, 이후 독도의 중요성을 감안하여 '생태계 정밀조사5년 주기'와 '생태계 모니터링매년'으로 구분하여 수행하고 있다.

정기적인 조사를 통해 얻어진 자료들은 자연환경에 대한 국민들의 인식을 제고하기 위해 국가 생물다양성 및 생태계 정보를 데이터베이스로 구축, 대국민 서비스하고 있다.

국립생태원 생태조사연구실장 서창완

기후 변화와 생물다양성, 그리고 생태계 서비스를 주제로 하는 GIS 공간 분석 및 생태 모델링 분야의 연구를 수행하였으며, 현재 국립생태원 생태조사연구실에서 전국자연환경조사, 특정지역 정밀조사, 생태자연도, 자연환경 GIS-DB, 도시생태 현황 지도 등의 조사연구 사업을 총괄하고 있다.

section

01

독도를

담다

독도를 담다 | 독도 전도
N
W E
S
탕건봉바위
지네바위
삼형제굴바위
물골
대한봉
군함바위
서도
넙덕바위
촛대바위
주민 숙소
코끼리바위
독도 계단
개볼락
거북손
가막베도라치
끄덕새우

큰가제바위
작은가제바위
괭이갈매기
동 해
닭바위
우산봉
동도
한반도바위
천장굴
독도 영토 표석
숫돌바위
독도경비대
독도 등대
독립문바위
케이블카
얼굴바위
동도 선착장
독도 계단
망양대
촛발바위

01 어민 보호 시설

서도 어민 숙소 뒤로 나무 계단을 올라 물골로 내려가면 독도 근해에 출어하는 어민의 안전 보호와 독도 수산자원 개발을 위해 경상북도에서 준공한 독도 어민 보호 시설이 있다.

03 독도 영토 표석

동도 해안가에 설치된 '독도' 표석. 한글, 한자, 영문으로 독도라고 표기되어 있다.

02 독도 주민 숙소

서도 선착장 앞에 위치한 주민 숙소는 2011년에 완공한 건물로, 현재 울릉군 독도관리사무소 직원과 독도 이장 김성도·김신열 부부가 살고 있다.

04 대한민국 동쪽 땅 끝 표지석

동도 선착장을 빠져나와 계단 쪽을 향하는 길에 대한민국 동쪽 땅 끝임을 알려 주는 원형 조형물이 있다.

05 독도경비대

경북지방경찰청 소속 독도경비대원들이 상주하는 건물이다.

06 한국령 표석

독도경비대 건물 앞 바위에 '한국령(韓國領)'이 굳건히 새겨져 있다.

07 망양대

멀리 태평양을 바라볼 수 있는 전망대다.

08 독도 등대

동도 정상에 위치한 독도 등대는 바다 위 46km까지 밝힐 수 있어 부근을 지나는 어선들에게 많은 도움을 준다.

09 독도 우체통

독도 등대 아래에 위치한 우체통은 2003년에 설치된 것으로, 독도가 대한민국의 영토임을 보여주는 대표적인 시설물이다.

class 01

숫자로 보는 독도

2005년 3월, 일반인들의 독도 입도가 허용된 뒤로 약 200만 명 이상의 관광객이 2018년 6월 말 기준 독도를 찾았다. 그러나 국토 최동단에 위치한 독도는 여전히 우리가 쉽게 접근할 수 있는 지역이 아니고, 독도에 대해 제대로 아는 사람도 많지 않다. 독도는 어떤 섬일까? 숫자를 통해 독도의 겉모습을 들여다보았다.

위치
37° / 131°

동도
북위 37° 14' 26.8" / 동경 131° 52' 10.4"

서도
북위 37° 14' 30.6" / 동경 131° 51' 54.6"

우편번호

40240

주소
경상북도 울릉군 울릉읍 독도리 1~96
우) 40240

동도
경상북도 울릉군 울릉읍 독도이사부길 55
(독도경비대)
경상북도 울릉군 울릉읍 독도이사부길 63
(독도 등대)

서도
경상북도 울릉군 울릉읍 독도안용복길 3
(주민 숙소)

면적 및 거리

187,554㎡

총 면적
73,297m² (동도 면적) + 88,740m² (서도 면적)
+ 25,517m² (89개 부속도서 면적) = **187,554m²**

168.5m

가장 높은 봉우리
서도 대한봉 - **168.5m**
동도 우산봉 - **98.6m**

151m

동도 - 서도 간 **최단거리**

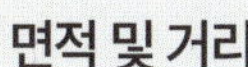

독도의 **기후**

12.4℃

연평균 기온

여름(8월) 평균 기온 23℃
겨울(1월) 평균 기온 1℃

1,383.4mm

평균 강수량

여름에 비가 많이 내리고
겨울에 폭설이 잦다.

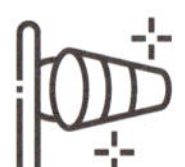

4.3㎧

평균 풍속

여름에는 따뜻한 남서풍,
겨울에는 북동풍이 많이 분다.

9~25℃

연중 수온

1968년 관측 이후
지속적으로 상승해 다른 해역보다
수온 상승 경향이 높다.

환경 및 **생활**

336호

천연기념물 지정

1982년 천연기념물 제336호
'독도 천연 보호 구역'으로
지정되었다.

40명+α

독도 거주 인원

김성도·김신열 부부 외에
등대관리원, 독도관리사무소 직원,
독도경비대원들이 살고 있다.

470명

입도 가능 인원

2005년 동도 일부 지역에 한해
입도 신고 후 방문할 수 있고,
1일 최대 입도 가능 인원은
470명이다.

30분

독도 관광 가능 시간

관광객들은 동도 부두 인근
100여 미터 공간을 약 30분 정도
둘러볼 수 있다.

class 02 독도의 지형

'독도'하면 많은 사람들이 '외로운 작은 섬'을 떠올린다. 실제로 푸른 바다 위 독도를 보면 그 모습이 외로워 보이기도 하지만, 독도는 우리의 편견처럼 가녀린 외형을 지닌 섬이 아니다. 아랫부분 지름이 약 24km, 해저에서부터 높이는 약 2,000m나 솟아 있어 단순히 높이만 봐도 한라산보다 높고, 주변에는 심흥택해산, 이사부해산, 안용복해산 등이 있다. 생각보다 복잡하고 다양한 지형 속에 여러 가지 자원을 담은 독도의 모습을 하나하나 살펴보자.

독도의 형성

동해 한가운데 솟은 산과도 같은 독도는 어떻게 형성되었을까? 독도와 주변의 지형들은 어떻게 형성된 것일까? 독도의 지형과 관련된 의문을 풀기 위해서는 먼저 동해가 어떻게 만들어졌는지를 이해해야 한다. 동해는 태평양과 유라시아 판이 충돌하면서 한반도와 붙어 있던 일본이 떨어져 나가 형성되었다. 동해의 해저에는 해령[1]과 해저대지[2]로 경계가 나뉘어져 독립적으로 발달한 해저분지[3]가 있다. 여기에 속하는 해저분지인 울릉분기가 있는데, 울릉분지의 북동쪽에 위치한 것이 바로 독도다.

독도와 주변 해저지형의 형성 과정에 관한 가설 중 하나는 열점 위의 지각판 이동으로 해산열이 발생하여 지형이 형성되었다고 보는 견해다. 즉 지각 밑 마그마가 분출되는 곳인 열점 위로 지각판이 이동하면서 차례로 화산섬이 만들어졌다는 것인데, 이 가설을 바탕으로 해산의 형성 순서를 알아보자.

---

[1] 깊은 바다에 있는 길고 좁은 산맥 모양의 솟아오른 부분

[2] 주변의 해저보다 솟아 있는 정상부가 대체로 넓고 평평한 지형

[3] 주변이 높은 지형으로 둘러싸인 움푹하고 낮은 해저 지형

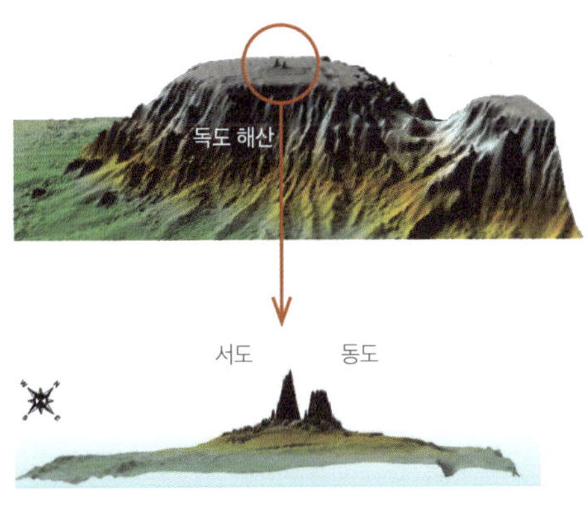

독도 화산체의 3차원 지형도
ⓒ 강지현

울릉도, 독도 및 주변 해산의 3차원 지형도
ⓒ 독도종합정보시스템

위 가설에 따르면, 가장 최근에 형성된 화산섬에서 멀리 위치할수록 오래 전에 만들어진 섬이 된다. 현무암질 암편을 통한 연대 측정 결과 독도는 약 460만 년 전, 울릉도는 약 250만 년 전에 형성되었다고 볼 수 있고 울릉도-안용복해산-독도-심흥택해산-이사부해산의 순서로 위치해 있으므로, 이사부해산부터 시작하여 독도, 울릉도로 화산활동이 이어지면서 섬들이 형성되었다고 추측해 볼 수 있다.

또 다른 가설에서는 동해가 만들어질 때 생긴 균열대를 따라 불규칙한 화산활동이 일어나 독도가 형성된 것으로 본다. 즉 유라시아판에서 일본이 떨어져 나가 동해가 생길 때 양쪽에서 잡아당기는 힘에 의해 동해 울릉분지가 형성되었고, 다시 수축되면서 압축하는 힘 때문에 동해 해저지각에 많은 균열대가 생겼으며, 이를 따라 마그마가 분출되면서 북동부의 해산들이 생성되었다고 보는 것이다.

[독도의 암석과 지질 구조]

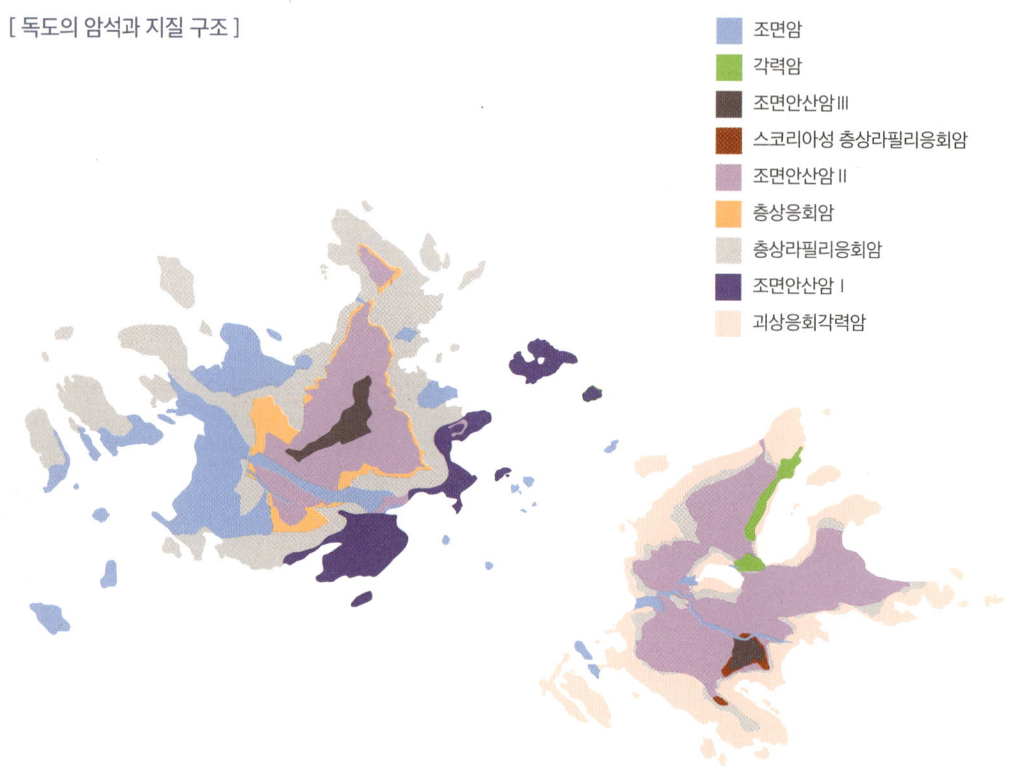

독도의 진화 과정

보통 화산활동으로 형성된 화산섬이나 해산처럼 독도 역시 화산체가 식고 수축하는 과정에서 붕괴되고, 주변 파도의 영향으로 침식되는 과정을 거치면서 변화해왔다. 이러한 과정을 우리는 어떻게 알고 그 증거는 어디에서 찾을 수 있을까? 바로 독도의 지질과 암석을 통해 알 수 있다.

독도의 암석은 산출 당시 상황이나 환경에 따라 화산쇄설암과 용암류가 번갈아 가며 분출하였다(한국지질자원연구원, 2006). 아래에서부터 괴상응회각력암, 조면안산암 I, 층상라필리응회암, 층상응회암, 조면안산암 II, 스코리아성 층상라필리응회암, 조면안산암 III 등의 순서이다. 각각의 지질은 독도가 수중에서 화산분출이 일어났는지 아니면 수면 근처 또는 공기중에서 분출하였는지에 따라 서로 다른 특징을 나타낸다. 따라서 독도의 지질이 다양하다는 것은 그만큼 복잡하고 다양한 환경에서 형성된 것임을 말해준다.

파도가 조각해 놓은 독도

여러 번의 화산활동으로 형성된 독도는 화산체가 식고 수축하는 과정에서 단층이나 절리가 발생했다. 그리고 여기에 파도나 바람에 의한 침식·풍화작용이 일어나 오늘날의 모습이 되었다.

독도를 볼 때 가장 먼저 눈에 들어오는 것은 비탈면이다. 40°의 경사가 60% 이상을 차지하는 독도의 비탈면은 파도가 만들어 낸 지형이다. 파도가 독도의 아래쪽을 지속적으로 치면 그 부분이 깎여 나가고, 아래에서 지지해주는 힘이 사라지면 윗부분의 바위는 무너지면서 가파른 비탈면이 생기는 것이다. 비탈면 중 경사가 40° 이상인 경우 단애라 부르고 바닷가에서 발달된 단애는 해식애라 부르는데, 독도의 단애는 지질적 특성에 따라 표면의 모양이 다르다. 화산재, 화산력, 화산암 등이 섞여 만들어진 단애는 구성물질이 빠져나가고 풍화되어 여기저기 구멍이 뚫려 있고, 용암이 분출된 이후 내·외부의 식는 속도가 달랐던 단애는 육각형 모양의 기둥 주상절리가 발달되어 있다.

해수면 근처에서 볼 수 있는 파식대는 파도에 의해 암석이 깎여 평평해진 곳이다. 독도의 파식대는 밀물과 썰물의 변화에 따라 물속에 잠기기도 하고 물 위로 나오기도 하는데, 서도의 어민 숙소 남서쪽과 동도의 남쪽에 발달되어 있다. 파식대는 당시 해수면 높이에서 지속적인 파도의 힘으로 깎인 것이기 때문에, 파식대면은 해수면의 높이를 알려 주는 중요 지표가 되기도 한다.

촛대바위처럼 뾰족한 기둥모양으로 솟아 있는 지형은 시스택이라고 부르는데, 이는 강한 파도에도 상대적으로 강한 암석이 남아 형성된 것이다.

독도의 파도가 만든 지형 중에는 해식동이라 불리는 동굴도 있다. 해안 주변에 많은데 특히 동도 동남쪽 해안에 집중적으로 발달되어 있다. 이런 동굴이 암석을 통과하여 뚫리게 되고 윗부분이 아치모양으로 남게 되면 시아치를 형성하는데, 대표적인 것이 독립문바위와 코끼리바위다.

타포니가 발달한 동도 선착장 배후 ⓒ 강지현

바람이 깎아 놓은 지형

바람은 공기뿐 아니라 아주 작은 알갱이도 함께 이동시킨다. 특히 바다에서는 바람에 실려 온 소금 결정이 암석 틈 사이에서 성장하면서 암석을 쪼개기도 하고, 독특한 지형을 만들어내기도 한다. 대표적인 예가 바로 동도 선착장 뒤쪽에 발달한 타포니다. '구멍이 숭숭 뚫린 벌집 모양의 지형'을 의미하는 타포니는 아주 작은 구멍에서부터 수십 센티미터의 큰 구멍까지 다양하다. 소금 알갱이가 섞인 바닷바람과 다양한 크기의 돌이 섞여 형성된 응회각력암의 만남은 타포니가 형성되기 충분한 환경이며, 이는 독도의 현재 지형을 변화시키는 중요한 요인이다.

동도에서 바라본 서도 _ 서도에 발달한 주상절리와 역빈 ⓒ 강지현   서도에 발달한 역빈 ⓒ 강지현

단애 斷崖   급경사40°이상의 경사의 암벽 사면. 독도에서는 화산력 등이 빠져나간 이후 구멍이 뚫려 있는 듯한 모습의 단애와 용암 분출 이후 내·외부의 식는 속도 차에 의해 주상절리가 발달된 단애를 특징적으로 관찰할 수 있다.

파식대 波蝕臺   파도의 침식 작용으로 형성된 평탄한 암반 면 해수면의 높이를 알려주는 지표가 되기도 한다. 독도 서도의 어민 숙소 남서쪽과 동도의 남쪽에 발달되어 있다.

역빈 礫濱   자갈이 퇴적되어 형성된 해안으로 동도의 선착장 인근 해안, 서도의 어민 숙소와 북측 해안, 군함바위 건너편 해안 등에 형성되어 있다.

시스택 Sea Stack   강한 파도에도 불구하고 암석의 강한 부분이 남아 형성된 지형. 촛대바위가 대표적인 시스택 지형이다.

시아치 Sea Arch   해식동 같은 동굴이 암석을 통과하여 뚫리고 윗부분이 아치모양으로 남게 된 것으로, 독도의 독립문바위와 코끼리바위는 대표적인 시아치다.

타포니 Taffoni   암벽에 벌집처럼 생긴 구멍 형태의 지형으로 동도 선착장 비탈면에서 볼 수 있으며, 독도의 암반이 풍화되어 깎여 나가는 증거이기도 하다.

01 서도에 발달한 파식대 ⓒ 강지현
02 시아치를 형성한 삼형제굴바위 ⓒ 강지현
03 파식대와 촛대바위 ⓒ 강지현

부서진 돌들이 쌓여 만든 서식 공간

바람과 파도가 독도를 조각하면서 만든 부산물은 어디로 갔을까? 독도에서 파도나 바람에 의해 부서져 나온 돌들은 주변에 쌓이거나 사면 아래로 굴러 떨어져 새로운 지형을 만든다. 이렇게 부서져 쌓인 암석은 독도의 토양을 형성하는 재료가 되는데, 독도에는 많은 양의 토양이 쌓여 있지는 않다. 사면경사가 높고 강한바람 등에 의해 풍화물질이 토양화 될 수 있는 시간이 부족하기 때문이다. 그래서 전체 면적의 50% 이상이 토양으로 덮여 있지만 깊이가 20cm 이하로 얕으며, 바위나 자갈, 모래가 섞여 있다. 이런 토양일지라도 독도와 같은 바위섬에서는 식물과 동물이 서식할 수 있는 중요한 공간이 된다. 아주 적은 양의 토양이라도 식물이 서식할 수 있다면 곤충과 새들이 살아갈 수 있기 때문이다. 또한 식물이 뿌리를 내리면 토양 침식을 막아주고, 식물이 덮인 사면은 바람과 염분의 영향을 덜 받기 때문에 풍화속도도 늦출 수 있다. 독도의 토양이 비록 깊이는 얕지만 독도를 보호하고 독특한 생태계를 구성하는 밑거름이 되는 것이다.

새롭게 만들어지는 또 하나의 공간

독도와 수면이 접하는 하단부를 살펴보면 주변의 사면이 붕괴되거나 부서져서 굴러 떨어진 물질들이 쌓여 만든 붕적층을 찾을 수 있다. 동도 선착장의 북서쪽 사면과 천장굴 내부, 서도의 탕건봉 주변, 북동쪽 사면에 발달된 붕적층은 골짜기와 연결된 해안에 부채꼴 형태로 쌓여 있다. 이 암석들은 다시 부서져서 더 작아지고 둥글둥글한 자갈이 되어 자갈해안을 이룬다. 동도의 선착장 인근 해안, 서도의 어민 숙소와 북측 해안, 물골 및 군함바위 건너편 해안 등에서 이렇게 형성된 자갈해안을 만날 수 있는데, 과거에는 이런 해안이 지금보다 좁았다. 독도의 상공에서 찍은 과거 사진을 살펴보면 1980년대에는 동도 선착장 주변의 자갈해안이 지금보다 좀 더 북쪽에 형성되어 있고 면적도 작았으며, 서도 역시 어민 숙소 북측 해안 일부에만 쌓여 있었던 것을 확인할 수 있다. 그러나 2000년대 사진에서는 자갈해안이 좀 더 남쪽으로 이동했고 면적도 넓어졌으며, 서도에서는 육지에서 바다 쪽으로 뾰족하게 튀어나와 쌓인 곳도 눈에 띈다. 2000년대 이후 정밀 조사 결과에서도 서도와 동도 사

독도의 사면 아래 발달한 자갈해안 ⓒ 강지현

이 마주 보는 자갈해변이 계속 커질 가능성을 보고하고 있다. 이러한 변화는 1998년 동도 선착장 건설 때문으로 보인다. 독도의 지형은 파도와 바다의 흐름에 영향을 받기 때문에 인공구조물인 선착장이 파도의 흐름과 진행 방향을 바꾸고, 물질의 이동을 변화시켰기 때문이다. 실제 항공사진을 통해 동도의 자갈해안 면적이 1980년에는 403m², 2000년에는 1,097m²로 두 배 넘게 넓어진 것을 확인할 수 있다.

한편 서도의 자갈해안은 서도의 사면에서 미역바위, 촛대바위가 있는 바다 쪽으로 발달 중인데, 이와 같이 일부가 육지와 맞닿아 있고 파도의 방향으로 퇴적물이 이동하면서 성장하는 지형을 사취라고 한다. 서도의 자갈사취는 남쪽에서 불어오는 파랑이 북쪽으로 수중 자갈을 이동시키는 과정에서 힘이 약해지며 미역바위, 촛대바위 앞부분에 쌓여 만들어진 것으로 보인다.

소멸과 생성이 공존하는 독도

자원의 보고寶庫라 불리는 독도는 점점 작아질 수밖에 없는 곳이다. 침식이 진행되면 사면의 경사는 더욱 급해지면서 해안에서 후퇴하고, 사면 내부의 풍화와 함께 부피가 줄어든다. 즉 독도는 시간의 흐름에 따라 사면의 경사가 급해지고 높이는 낮아지며 축소될 것이다. 그러나 다행히 침식된 물질이 주변 붕적층이나 자갈해안의 형태로 쌓이기 때문에 당장 걱정할 정도로 빠르게 면적이 감소하지는 않을 것이다. 이러한 변화는 기나긴 지질학적 시간 내에서 일어나는 현상이므로 우리 눈으로 직접 확인할 수는 없겠지만 분명한 건 지금 이 순간에도 파도와 바람은 끊임없이 독도의 지형을 다듬어 가고 있다.

국립생태원 **강지현 전임연구원**

생태조사와 결코 무관하지 않은 지형 연구

생태조사에서 지형을 조사한다면 고개가 갸웃거려진다. 일반적인 생태조사에서는 그 지역의 서식 생물 종이나 서식 특성 등을 조사하기 때문이다. 그렇다면 땅의 형태, 형성 과정, 풍화와 퇴적, 암석의 특징... 이런 것들이 생태조사에 왜 필요한 것일까? 국립생태원에서 특정생태계와 보호지역의 지형조사를 수행하는 강지현 전임연구원에게 이야기를 들어보았다.

강지현 전임연구원은 생태조사에서 지형조사가 왜 필요하냐는 질문을 종종 받는다며 미소지었다.

"지형은 비생물적 요소지만 생물이 살아가는 데 가장 기본이 되는 서식지의 물리적 특성과 밀접한 연관성을 가지고 있습니다. 즉 서식공간에 대한 이해와 분석 없이 동·식물의 분포를 논의하고 예측한다는 것은 때로 어불성설語不成說이 될 수 있죠."

하천의 지형 변화가 생태계에 미치는 영향에 대해 연구했던 강지현 전임연구원은 지형을 조사하는 것이 생태 조사의 기본이라고 말한다. 실제로 독도의 경우, 사전에 과거와 현재의 항공사진을 비교해 독도의 지형 변화를 찾았고, 현장에서는 직접 자갈해변의 단면 측량, 자갈의 크기 등을 조사했다.

"흔히 지형은 쉽게 변하지 않는다고 생각하지만 내·외적인 환경에 의해 끊임없이 변하고 있습니다. 이번 독도에서도 샘플링된 자갈의 크기를 일일이 재고, 단면 측량하고, 독도의 물리적 강도를 측정해서 자갈해변의 지형 변화에 대한 연구를 진행했습니다. 많은 시간이 소요되는 작업이었는데, 한정된 시간 내에 마쳐야 해서 좀 힘들었죠."

조사를 함께 수행해준 이재호 선생님과 해저에 분포한 자갈을 촬영하여 자료로 주신 김지현 군산대 교수님, 생활문제를 해결해 준 독도 주민 김성도 이장님까지 많은 분들의 도움으로 여유가 없는 일정에서도 조사를 완수할 수 있었다는 강지현 전임연구원.

아~주 작은 것에도 감사함을 느낄 만큼 어려운 과정이었지만 독도 자갈해변의 형태적 특성에 대해 리포팅reporting 할 수 있었기에 큰 보람을 느꼈다고 한다. 앞으로 독도의 지형 변화를 지속적으로 모니터링하고, 이런 변화들이 생물의 서식공간에 어떤 영향을 미치는지 연구하는 것이 그녀의 현재 계획이자 포부다.

독도의 두 가지 해양자원

깊은 바다 해양심층수

독도 인근에는 우리가 주목해야 할 두 가지 자원이 있다. 무공해 '해양심층수'와 미래 청정에너지라 평가받는 '메탄 하이드레이트'가 그것이다. 그동안 화장품이나 식수의 원료로 한 번쯤 들어보았던 해양심층수는 태양광이 도달하지 않는 수심 200m 아래에 있는 물이다. 깊은 바다에 있다 보니 광합성 활동이 없어서 유기물 증식이나 오염 물질의 유입도 어려워 깨끗하며, 미네랄과 영양 염류가 풍부하다. 특히 독도가 있는 동해에는 주변 바다에서 유입되는 심층수의 양이 적어 자체적으로 만들어지고 순환하는 특별한 해양심층수가 있고, 우리나라는 2001년부터 본격적인 연구를 시작해 해양심층수연구센터도 건립했다.

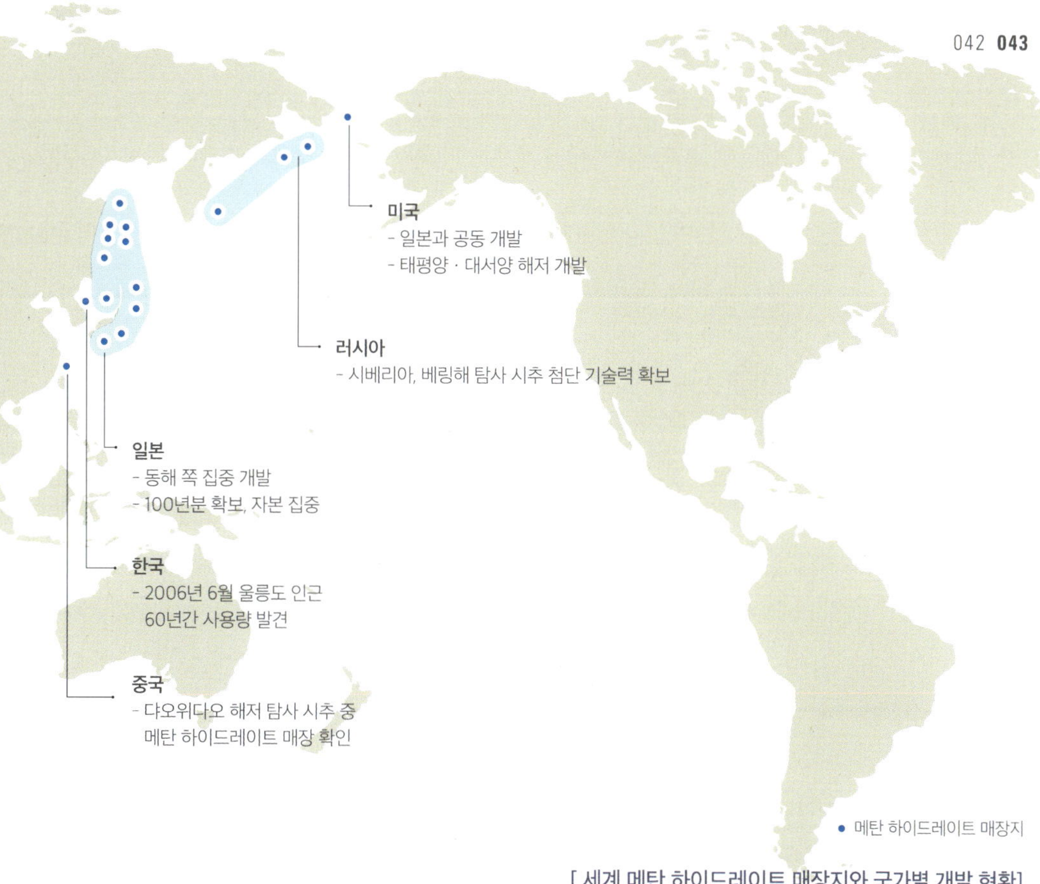

[세계 메탄 하이드레이트 매장지와 국가별 개발 현황]

미래 청정에너지 메탄 하이드레이트

일명 '불타는 얼음'으로 불리는 메탄 하이드레이트는 바닷속 미생물이 썩어서 생긴 퇴적층에 메탄가스와 천연가스 등이 높은 수압에 의해 얼어붙은 고체 연료다. 우리가 메탄 하이드레이트에 주목하는 이유는 이산화탄소 발생량이 적은 맑고 깨끗한 에너지원이기 때문이다. 물론 실용화까지는 고체에서 가스를 분리해내는 기술이 부족하지만 현재 미국, 중국, 러시아 등에서는 탐사와 기술 개발을 계속 진행 중이다. 메탄 하이드레이트는 독도와 울릉도 주변 바다에 약 6억~10억 톤 매장되어 있는 것으로 추정되며, 이는 우리나라가 향후 40~60년간 사용할 수 있는 양으로 약 250조 원의 가치에 달한다.

section

02

독도에_______________

살다

class 03

독도의
식물

독도의 자연환경은 식물이 살아가기에 좋은 조건이 아니다. 파도가 치면서 높은 곳까지 올라오는 바닷물 속 염분은 식물에게 해로운 영향을 미치기 때문이다. 또한 얕고 수분 함량이 낮은 산성 토양과 높은 경사 등도 식물이 살아가기 힘든 조건이다. 하지만 척박한 환경과 크지 않은 면적에도 독도에는 많은 식물이 자생하고 있다. 2015년 국립생태원 조사에 따르면 동도와 서도, 군함바위에 26개의 식물 군락지가 형성되어 있고, 54분류군이 자생하는 것으로 밝혀졌다.

혹독한 자연 환경

동해 한가운데 있는 독도는 끊임없이 바람이 불고, 이 바람에 의해 생성된 파도는 계속해서 독도에 부딪힌다. 보기에는 아름다운 광경이지만 독도에 살고 있는 식물에게는 좋지 않은 환경이다. 파도가 치면서 바닷물의 일부가 바람을 타고 높은 곳까지 올라가 바닷물 속 염분이 식물들에게 해로운 영향을 끼치기 때문이다.

독도의 토양도 식물에게 좋은 조건은 아니다. 토양은 토심이약 0~20㎝ 매우 얕으며, 토성 중 점토 함량은 18% 미만인 사양질이다. 또한 토양은 주로 산성을 띠는 것으로 나타났고, 수분 함량은 평균 약 23.8%다. 경사는 26° 이상이 79.1%, 40° 이상이 65.4%를 차지한다. 이처럼 독도의 토양은 굉장히 척박하며 식물이 살아가기에 힘든 조건이다. 때문에 식물상 조사 역시 섬의 곳곳을 걸어 다니는 일반적인 조사와 달리, 지정된 길 외에 급경사지나 산지 능선부 등 접근이 불가능한 지역은 배를 타고 섬 주위를 돌면서 망원경으로 관찰해야 했다.

이렇듯 혹독한 환경과 크지 않은 면적에도 불구하고 독도에서는 많은 식물 군락을 관찰할 수 있다. 그렇다고 동도와 서도, 89개의 부속 도서로 이루어진 독도 전체에 식물이 살고 있는 것은 아니다. 동도와 서도, 군함바위에서 식물이 군락을 이루는데, 좀 더 구체적으로 어떤 종이 어느 지점에서 자생하고 있는지 알아보도록 하자.

동도에서 개화한 해국과 서도의 전경 ⓒ 이승혁

해국 군락 ⓒ 송세규

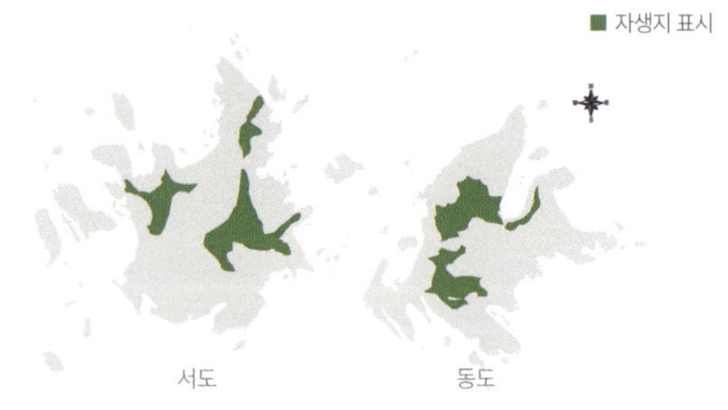

해국 *Aster spathulifolius*

분류 체계	Magnoliophyta 피자식물문 > Magnoliopsida 목련강 > Asterales 국화목 > Asteraceae 국화과 > Aster 참취속 > spathulifolius 해국
크기	30 ~ 60cm
개화 시기	7 ~ 11월
분포	한국, 일본

독도 지킴이, 해국

아름다운 독도 사진에 자주 등장하는 해국(*Aster spathulifolius*)은 독도에서 가장 생육이 왕성한 식물로 꽃이 만발하면 장관을 이룬다. 독도의 환경에 적합한 대표 종으로 동도와 서도 전 구간에 걸쳐 무리지어 자라는데, 남서해안의 계단을 올라가면 돌채송화와 더불어 군락지를 형성하고 있다. 특히 다른 식물들이 살아가기 어려운 독도의 정상부 암벽에서 참나리 등과 함께 자라면서 가을이 되면 예쁜 꽃을 피운다.

줄기는 마치 나무처럼 단단하고 갈색으로 목질화[1]가 되어 있으며 잎 전체에 털이 나 있고, 7~11월에 개화하지만 국립생태원 독도 조사에서는 1월에도 해국의 자주색 꽃을 확인할 수 있었다.

한편 양양, 부산, 제주도, 독도, 울릉도, 일본 무나카타 지역의 샘플로 진행한 해국의 분자계통학적 연구 결과, 독도와 울릉도의 해국이 국내와 제주도, 그리고 일본으로 분지해 나가는 형태라는 사실이 밝혀졌다.

---

1 식물의 세포벽이 리그닌 성분 집적에 의해 두툼하고 견고해지는 현상

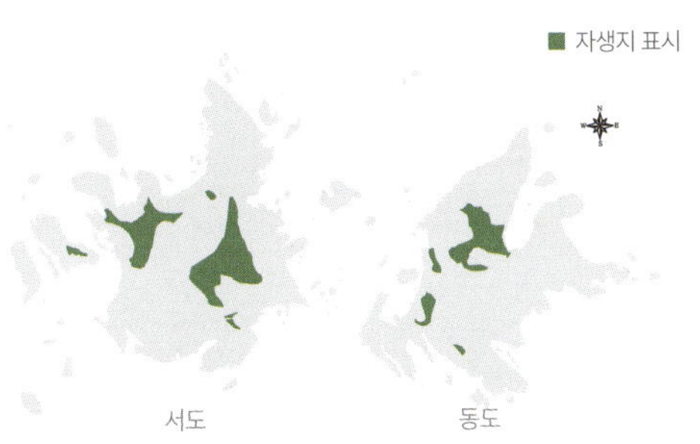

돌채송화 *Sedum japonicum*

분류 체계	Magnoliophyta 피자식물문 > Magnoliopsida 목련강 > Rosales 장미목 > Crassulaceae 돌나물과 > Sedum 돌나물속 > japonicum 돌채송화
크기	줄기 길이 1cm
개화 시기	5 ~ 7월
분포	한국, 일본, 중국, 타이완

척박한 환경에도 자리잡은 돌채송화

돌나물과의 돌채송화(*Sedum japonicum*)도 독도 전체에 무리지어 자라며, 척박한 독도 환경에서 생존하기에 적합한 종이다. 이들은 땅채송화로 잘못 동정되기도 하는데, 최근 국립생물자원관에서 나온 '울릉도와 독도의 관속식물상'에는 돌채송화로 표기되어 있다. 돌채송화는 보통 5월부터 7월까지 노란색 꽃을 피우지만, 국립생태원 조사에서는 10월에도 돌채송화 꽃을 확인할 수 있었다.

한편 바닷가 바위에서 자생하는 돌채송화는 굉장히 열악한 곳에서 산다. 독도의 89개 부속 도서 중 유일하게 식물 군락이 나타나는 군함바위에서 자생하며, 동도와 서도에서는 해국도 살아가기 힘든 천장굴의 꼭대기 같은 곳에서 군락을 이룬다. 해국이나 왕김의털(*Festuca rubra*)과 함께 살아가기도 한다.

개화한 돌채송화 ⓒ 이승혁

돌채송화와 왕김의털 군락 ⓒ 송세규

■ 자생지 표시

서도　　동도

왕김의털 *Festuca rubra*

분류 체계	Magnoliophyta 피자식물문 > Liliopsida 백합강 > Poales 벼목 > Poaceae 화본과 > Festuca 김의털속 > rubra 왕김의털
크기	높이 50 ~ 70cm
개화 시기	6 ~ 8월
분포	한국, 일본, 중국, 유럽, 북아메리카

함께 모여 있는 갯제비쑥, 초종용, 큰이삭풀

동도의 독도경비대 앞까지 올라오면, 헬기장 아래 사면에 갯제비쑥과 초종용을 관찰할 수 있다. 갯제비쑥(*Artemisia japonica* subsp. *littoricola*)은 우리나라에서는 울릉도와 독도에서만 자생하는 국화과의 여러해살이풀로 노란색 꽃이 핀다. 동도와 서도 암벽에 무리지어 자라고, 안정된 토양은 물론 척박한 장소에서도 줄기를 넓게 펼쳐 세력을 키우며 1978년 발견 이후 지속적으로 관찰되고 있다.

갯제비쑥 옆에는 열당과의 초종용(*Orobanche coerulescens*)을 발견할 수 있는데, 연한 자주색 꽃을 피우고 열매를 맺고 나면 '녹는다'는 표현처럼 점점 줄어들다가 사라지기 때문에 그 후에는 찾아보기가 힘들다. 초종용은 쐐기 모양의 기생뿌리 흡기가 기주식물갯제비쑥의 뿌리를 파고 들어 영양분을 얻어 자라는 기생식물이다. 보통 해변가 모래땅에서 자라며, 사철쑥에 기생하여 사는 것으로 알려져 있다. 식물구계학적으로는 가장 높은 V등급으로 개체수가 많지 않아 희귀한 종으로 평가된다. 우리나라 적색목록에는 관심대상(Least Concern ; LC)으로 지정되어 있으며, 독도에서도 동도의 극히 일부 지역에서만 자생하기 때문에 지속적인 모니터링과 보호가 요구된다.

독도경비대 인근에는 갯제비쑥이 큰이삭풀(*Bromus unioloides*)과도 군락을 이루고 있는데, 큰이삭풀은 독도에 유입되어 정착한 대표적인 식물이다. 2006년 독도 생태계 정밀조사에 의해 처음 보고되었으며, 독도 전 구간에 걸쳐 흔하게 관찰할 수 있는 종이다.

큰이삭풀은 하천변이나 길가 등에서 쉽게 관찰할 수 있는 귀화식물로 독도에서는 갓(*Brassica juncea*), 콩다닥냉이(*Lepidium virginicum*), 흰명아주(*Chenopodium album*) 등과 함께 세력이 점점 커지고 있다. 서도의 왕호장근처럼 독도 전역에 분포하는 큰이삭풀은 앞으로 관찰이 필요하다.

갯제비쑥 *Artemisia japonica* subsp. *littoricola*

분류 체계	Magnoliophyta 피자식물문 > Magnoliopsida 목련강 > Asterales 국화목 > Asteraceae 국화과 > Artemisia 쑥속 > japonica 제비쑥 > littoricola 갯제비쑥
크기	키 30 ~ 90cm
개화 시기	8 ~ 9월
분포	한국, 러시아 사할린, 일본

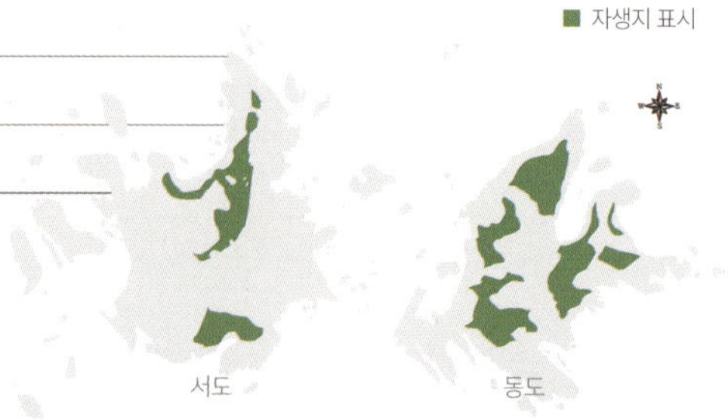

갯제비쑥 군락 ⓒ 송세규

큰이삭풀 ⓒ 이승혁

큰이삭풀 *Bromus unioloides*

분류 체계	Magnoliophyta 피자식물문 > Liliopsida 백합강 > Poales 벼목 > Poaceae 화본과 > Bromus 참새귀리속 > unioloides 큰이삭풀
크기	줄기 높이 80 ~ 100cm
개화 시기	4 ~ 6월
분포	한국, 남아메리카, 오스트레일리아

초종용 ⓒ 경북대 울릉도·독도연구소

초종용 *Orobanche coerulescens*

분류 체계	Magnoliophyta 피자식물문 > Magnoliopsida 목련강 > Scrophulariales 현삼목 > Orobanchaceae 열당과 > Orobanche 초종용속 > coerulescens 초종용
크기	줄기 높이 10 ~ 40cm
개화 시기	5 ~ 7월
분포	한국, 중국, 일본, 대만, 만주, 시베리아, 동유럽

개화한 섬기린초 ⓒ 이승혁

섬기린초 *Sedum takesimense*

분류 체계	Magnoliophyta 피자식물문 > Magnoliopsida 목련강 > Rosales 장미목 > Crassulaceae 돌나물과 > Sedum 돌나물속 > takesimense 섬기린초
개화 시기	7 ~ 8월
분포	한국(울릉도, 독도)

섬초롱꽃 *Campanula takesimana*

분류 체계	Magnoliophyta 피자식물문 > Magnoliopsida 목련강 > Campanulales 초롱꽃목 > Campanulaceae 초롱꽃과 > Campanula 초롱꽃속 > takesimana 섬초롱꽃
크기	높이 30 ~ 100cm
개화 시기	6 ~ 9월
분포	한국(울릉도, 독도)

섬초롱꽃 ⓒ 서영우

섬괴불나무 ⓒ 이승혁

섬괴불나무 *Lonicera insularis*

분류 체계	Magnoliophyta 피자식물문 > Magnoliopsida 목련강 > Dipsacales 산토끼꽃목 > Caprifoliaceae 인동과 > Lonicera 인동속 > insularis 섬괴불나무
크기	높이 5 ~ 6m
개화 시기	5 ~ 7월
분포	한국(울릉도, 독도)

독도에 자생하는 한반도 고유종

독도에 분포하는 식물 중 한반도 고유종으로는 섬괴불나무(*Lonicera insularis*), 섬기린초(*Sedum takesimense*), 섬초롱꽃(*Campanula takesimana*)이 있다. 이 중 섬기린초는 독도의 동도와 서도에 모두 자생하며 양지 바른 곳에 작은 집단을 이루어 산발적으로 자란다. 7~8월에 노란색 꽃을 피우지만 국립생태원 조사에서는 1월에도 꽃을 관찰할 수 있었다. 잎은 반상록성이고, 줄기의 아래 일부분은 목질화되어 겨울에도 쉽게 발견할 수 있다.

섬초롱꽃은 서도의 물골로 내려가는 사면의 암벽들 사이 접근이 어려운 곳에서 확인되었는데, 과거 '독도 식물 식재 운동' 등으로 울릉도에서 인위적 혹은 자연적으로 유입된 종으로 판단하고 있다. 6~9월에 피는 꽃은 흰색이나 자주색이며 반점이 짙고 많다. 울릉도에서는 풀밭이나 절개된 사면 등 주로 척박한 토양에서 자란다.

마지막으로 인동과의 섬괴불나무는 독도경비대와 독도 등대 사이 사면 그리고 서도에서 정상을 향해 가는 남사면과 물골로 내려가는 북사면에 몇몇 개체들이 자생하고 있는 것이 확인되었다. 섬괴불나무는 줄기 속이 비어 있는 나무로 5~7월에 털이 있는 화경에 흰색 꽃이 2개 달리고, 열매는 7~8월에 빨갛게 익는다. 종내 변이 및 지리학적 연구에서는 진화적으로 뚜렷한 두 개 이상의 계통을 가져 유입 경로가 하나 이상일 것이라는 가능성을 보여 주었다. 2013년 6월경 산림청에서 독도 산림생태계 복원사업으로 사철나무, 보리밥나무 등과 함께 약 3,960본을 식재하였다.

천연기념물 제 538호 사철나무 군락 ⓒ 최승세

사철나무 ⓒ 최승세

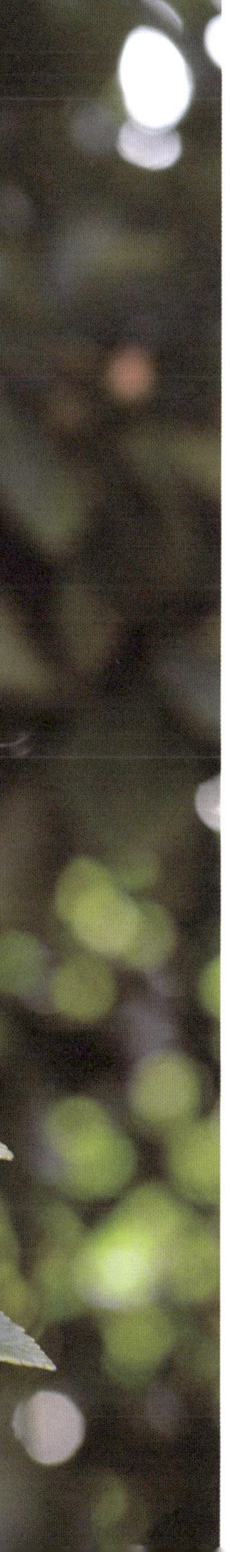

독도를 지키는 나무

독도에서 나무는 바람이 세게 불면 나뭇가지가 부러질 정도로 피해를 입고 급한 경사 때문에 토양층이 발달하지 못해 깊게 뿌리내릴 수 없다. 특히 독도는 태풍이 지나가는 길목에 위치하고 있어 나무가 자생하기에는 녹록치 않은 환경이다. 그럼에도 불구하고 독도에는 거친 환경을 이겨 내고 자라는 나무가 있으니, 앞에서 만나 본 섬괴불나무와 보리밥나무, 참빗살나무, 동백나무(*Camellia japonica*) 그리고 사철나무가 그 주인공이다.

1982년 11월 천연기념물 제336호로 지정된 독도에는 또 하나의 천연기념물이 있다. 바로 독도에서 가장 오래 살고 있는 노박덩굴과의 사철나무(*Euonymus japonicus*)이다. 천장굴 급경사 북서쪽 사면에 분포하는 사철나무는 2012년 10월경 천연기념물 제538호로 지정·보호되고 있으며, 소재지는 경상북도 울릉군 울릉읍 독도리 30번지로 되어 있다.

사철나무 *Euonymus japonicus*

분류 체계	Magnoliophyta 피자식물문 > Magnoliopsida 목련강 > Celastrales 노박덩굴목 > Celastraceae 노박덩굴과 > Euonymus 화살나무속 > japonicus 사철나무
크기	높이 2 ~ 6m
개화 시기	6 ~ 7월
분포	한국, 중국, 인도네시아, 일본, 필리핀

동백나무 *Camellia japonica*

분류 체계	Magnoliophyta 피자식물문 > Magnoliopsida 목련강 > Theales 차나무목 > Theaceae 차나무과 > Camellia 동백나무속 > japonica 동백나무
크기	높이 7m
개화 시기	2 ~ 4월
분포	한국, 일본

동백나무 ⓒ 이승혁

수명은 약 120년으로 추정하며 높이 0.5m, 뿌리목 굵기 0.25m, 수관의 둘레 7m로 '우리나라 동쪽 끝 땅을 100년 이상 지켜 왔다'는 점에서 역사적으로나 상징적으로 그 가치가 높은 나무다. 사철나무는 암반에서 기는 특성을 가지고 있으며 이름 그대로 사시사철 푸른 잎을 유지하는 상록관목이다. 꽃은 6~7월에 녹색과 흰색으로 취산꽃차례에 달리고, 10~12월에는 적색으로 익은 열매가 갈라지면서 주황색 옷을 입은 종자가 밖으로 나온다.

동도에서는 우산봉 서쪽 급경사면에 더 넓게 분포하고 있으며 서도에서는 북사면 아래에서부터 정상까지 급경사지에 이곳저곳 무리를 이루어 자생한다는 것을 겨울조사를 통해 확인할 수 있었다.

서도에 자생하는 또 다른 나무는 보리수나무과의 보리밥나무(*Elaeagnus macrophylla*)다. 보리밥나무는 남해와 서해 인근에 자라는 덩굴성 상록활엽수로 오래 전부터 도입된 식재종으로 판단되며, 일부 적응한 개체들이 서도 정상으로 가는 남사면과 물골쪽 북사면, 서도 정상쪽 급경사지에 분포하고 있다. 2013년에는 독도 산림 생태계 복원을 위해 450그루가 동도에 식재되었다.

물골을 내려가는 계단에서는 참빗살나무도 볼 수 있는데 마치 독도가 숨겨 놓은 히든카드처럼 관찰하기가 쉽지 않다. 노박덩굴과의 참빗살나무(*Euonymus hamiltonianus*)는 2013년 독도 생태계 모니터링 조사에서 처음 발견되어 보고되었으며, 수 개체에 불과하여 독도 식물 중에서 가장 희귀하다고 평가할 수 있다.

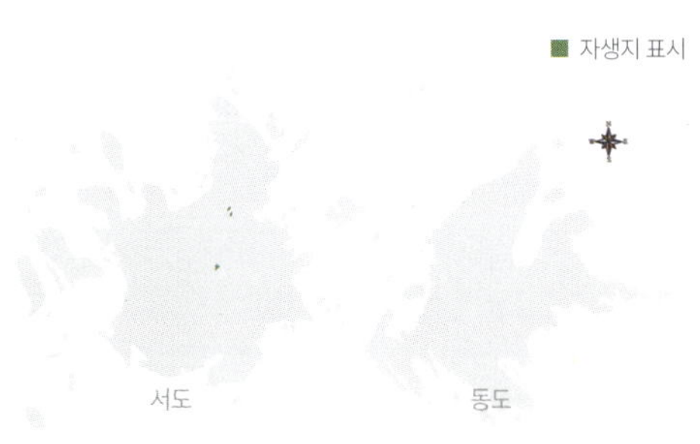

보리밥나무 *Elaeagnus macrophylla*

분류 체계	Magnoliophyta 피자식물문 > Magnoliopsida 목련강 > Proteales 프로티아목 > Elaeagnaceae 보리수나무과 > Elaeagnus 보리수나무속 > macrophylla 보리밥나무
크기	길이 약 3 ~ 8m
개화 시기	10 ~ 11월
분포	한국, 대만, 일본, 중국, 타이완, 일본

보리밥나무 ⓒ 이승혁

참빗살나무 ⓒ 이승혁

참빗살나무 *Euonymus hamiltonianus*

분류 체계	Magnoliophyta 피자식물문 > Magnoliopsida 목련강 > Celastrales 노박덩굴목 > Celastraceae 노박덩굴과 > Euonymus 화살나무속 > hamiltonianus 참빗살나무
크기	줄기 높이 약 8m, 잎자루 길이 0.8 ~ 3.5cm
개화 시기	5 ~ 6월
분포	한국, 네팔, 러시아, 미얀마, 부탄 등

서도의 식물

신라시대 장군 이사부길이 있다면서도에는 안용복길이 있다. 서도의 정상168.5m을 향해 안용복길을 따라 가파른 절벽에 아슬 아슬하게 붙어 있는 계단을 오르다 보면 80m 가량 되는 계단 옆에서 왕호장근과 도깨비고비, 갯까치수염 등 여러 식물들을 볼 수 있다.

왕호장근(*Fallopia sachalinensis*)은 물골로 내려가는 계단, 즉 서도 북사면에 넓은 군락을 이루고 있다. 독도에 서식하는 왕호장근은 키가 2~3m나 자라는 초본으로 조사 당시 동백나무와 섬괴불나무 등 다른 초본 식물들을 거의 다 덮을 정도로 활발하게 분포 영역을 넓히고 있었다.

왕호장근과 함께 군락을 이루는 관중과의 도깨비고비(*Cyrtomium falcatum*)는 독도에 자생하는 유일한 양치식물이다. 동도와 서도의 바위나 땅 위에서 자라는 여러해살이풀로 서도의 어민보호시설 안쪽 암벽에 도깨비고비가 착생하여 자라고 있는데 포자로 번식하여 상당수 어린 개체들이 분포하고 있다.

왕호장근 *Fallopia sachalinensis*

분류 체계	Magnoliophyta 피자식물문 > Magnoliopsida 목련강 > Polygonales 마디풀목 > Polygonaceae 마디풀과 > Fallopia 닭의덩굴속 > sachalinensis 왕호장근
크기	높이 1 ~ 2m
개화 시기	8 ~ 9월
분포	한국, 일본, 사할린, 쿠릴 열도

왕호장근 군락 ⓒ 송세규

도깨비고비 ⓒ 이승혁

도깨비고비 *Cyrtomium falcatum*

분류 체계	Pteridophyta 양치식물문 > Polypodiopsida 고사리강 > Polypodiales 고사리목 > Dryopteridaceae 관중과 > Cyrtomium 쇠고비속 > falcatum 도깨비고비
크기	잎몸 길이 20 ~ 60cm(폭 10 ~ 25cm), 잎자루 길이 15 ~ 40cm
분포	한국, 대만, 북미, 인도, 일본, 중국, 하와이

■ 자생지 표시

또 다른 군락을 형성하는 돌피(*Echinochloa crus-galli*)는 학자들 간 동정 결과가 달랐지만 분류학적 연구를 통해 독도에 자생하는 종은 물피가 아닌 돌피라는 사실을 밝혀냈다. 돌피는 벼과에 속하는 1년생 식물로 농경지 주변에 흔히 나타나 제거되지만 독도에서는 토양 유실을 막는 유익한 식물이다. 돌피는 봄과 여름에 넓게 분포하는 개밀과 함께 봄부터 성장하여 가을이 되어 개밀이 죽고나면 서도에서는 가장 넓은 군락을 형성한다.

조사 초기부터 발견된 앵초과의 갯까치수염(*Lysimachia mauritiana*)은 군데군데 무리지어 암벽 등에 분포하는데 매년 5~7월에 하얀색 꽃을 피우면서 독도의 환경에 잘 적응한 식물 중 하나다.

계단을 올라 코끼리바위 쪽으로 돌아 가다보면 비교적 완만한 남사면과 서사면에서 가는갯능쟁이(*Atriplex gmelinii*) 군락도 관찰할 수 있는데 가는갯능쟁이는 바닷가처럼 소금기가 많은 곳에 사는 염생식물이다. 독도에는 또 다른 염생식물 번행초(*Tetragonia tetragonoides*)도 자생하고 있다.

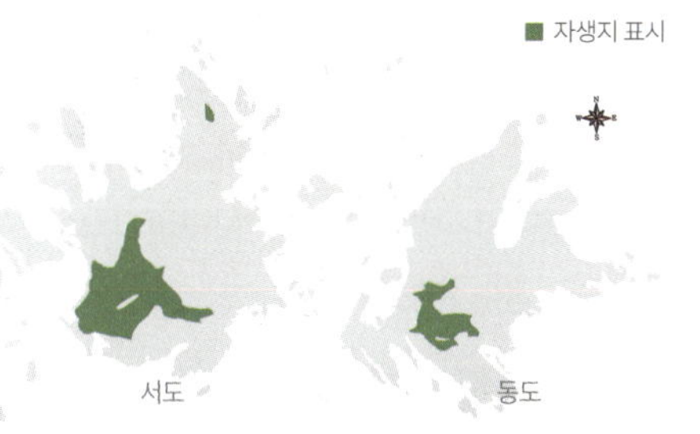

돌피와 되새 ⓒ 이승혁

돌피 *Echinochloa crus-galli*

분류 체계	Magnoliophyta 피자식물문 > Liliopsida 백합강 > Poales 벼목 > Poaceae 화본과 > Echinochloa 피속 > crus-galli 돌피
크기	줄기 높이 50 ~ 80cm
개화 시기	7 ~ 9월
분포	한국, 러시아, 몽골, 중국, 일본, 구대륙의 온대, 아열대 지역

동도에서 개화한 갯까치수염 ⓒ 이승혁

갯까치수염 *Lysimachia mauritiana*

분류 체계	Magnoliophyta 피자식물문 > Magnoliopsida 목련강 > Primulales 앵초목 > Primulaceae 앵초과 > Lysimachia 참좁쌀풀속 > mauritiana 갯까치수염
크기	줄기 높이 10 ~ 40cm, 잎 길이 2 ~ 5cm
개화 시기	5 ~ 7월
분포	한국, 타이완, 인도, 일본, 중국, 태평양제도

개화한 번행초 ⓒ 이승혁

번행초 *Tetragonia tetragonoides*

■ 자생지 표시

서도　　　동도

분류 체계	Magnoliophyta 피자식물문 > Magnoliopsida 목련강 > Caryophyllales 석죽목 > Aizoaceae 번행초과 > Tetragonia 번행초속 > tetragonoides 번행초
크기	줄기 길이 40 ~ 50cm
개화 시기	4 ~ 10월
분포	한국, 일본, 중국, 남아시아, 호주, 북미, 남미

독도 사계절 탐험기

하늘이 허락해야만 들어갈 수 있다는 섬, 독도. 아마도 그곳에 도착하기까지 사람의 힘으로 어찌할 수 없는 변수가 많다는 의미일 것이다. 그럼에도 불구하고 2015년 5월, 7월, 10월, 2016년 1월 까지 무려 4차례에 걸쳐 사계절 생태 조사를 무사히 마칠 수 있었던 국립생태원 독도 조사. 연구원들은 '행운'이라고 표현하는 그 여정을 함께 따라가보자.

독도 주변의 해양 조사를 마치고 복귀하는 모습 ⓒ 이승혁

2015년 5월19일 ~ 21일 독도의 봄

무거운 장비와 물품을 챙겨 강원도 동해시에 집결한 17명의 국립생태원 조사팀. 8시 10분 배에 몸을 싣고 4시간을 달려 베이스캠프인 울릉도에 도착했다. 하지만 갑작스런 기상 악화로 독도 입도는 하루 지연되었고, 다음 날인 21일 새벽 4시 저동항에서 출발해 4시간 동안 바다 위를 달린 끝에 드디어 독도에 도착! 생태 보물섬과 같은 독도 조사를 시간에 쫓겨 분주히 마친 후, 또 다시 독도와 이별을 고해야 했다. 워낙 기상이 급변하는 곳인지라 정해진 시간이 지나면 다음을 기약해야 하는 상황. 온몸이 흠뻑 젖을 정도로 바닷물을 맞으며 다시 4시간을 달려 울릉도에 발을 딛고서야 안도하는 마음과 함께 첫 번째 조사를 마무리 할 수 있었다.

2015년 7월 6일 독도의 여름

화창하고 쨍~한 독도의 여름 풍경에 감탄하면서 오전 8시 독도 선착장에 도착. 독도의 여름은 그야말로 형형색색의 꽃으로 화려하게 물든 모습이었다. 파랗게 물들인 초종용, 노랗게 물들인 돌채송화와 번행초, 섬기린초, 하얗게 물들인 마디풀과 왕호장근 등으로 화려하게 수놓은 독도를 조사한 뒤, 무사히 복귀하였다.

2015년 10월 12일 ~ 14일 독도의 가을

묵호항이 아닌 포항 구항에서의 집결로 시작된 독도 가을 조사. 이번 조사는 특별히 1박 2일로 진행되는 일정이기에 야간 조사에 대한 기대와 설렘으로 시작되었다. 한 번도 진행된 적 없었던 동도와 서도를 지나는 구간의 해양생물 야간 조사는 수중라이트가 해조류나 암초를 비추어 마치 물속에서 정령들이 움직이는 것처럼 장관을 연출했다. 또 육상생물팀은 새벽부터 조사를 시작해 서도의 정상에서 해돋이를 보는 감동까지 누렸으니, 모두에게 큰 '행운'처럼 느껴지는 조사 일정이었다.

해양생물 야간 조사 중인 연구팀 ⓒ 이승혁

서도의 주민 숙소 ⓒ 이승혁

이동과 해양생물조사에 이용한 선박 ⓒ 전세욱

2016년 1월 16일 독도의 겨울

최근 몇 년 동안 겨울 생태 조사를 진행한 팀이 없을 정도로 독도는 겨울을 쉽게 보여주지 않는 곳이다. 국립생태원 조사팀 역시 파도가 높아 네 번이나 날짜를 변경한 끝에 독도경비대의 물품까지 가득 싣고 독도 입도에 성공했다. 춥고 삭막할 거라는 예상과 달리 다양한 식물들과 이끼군락이 드러나 독도의 겨울은 여전히 푸른 모습이었다. 더구나 독도경비대 분들이 끓여준 라면으로 따뜻함까지 더해져, 그동안 독도 조사에 도움을 주셨던 많은 관련자들과 조사원들에게 감사함을 느끼며 모든 일정을 마무리했다.

국립생태원 **최승세 전임연구원** & **이승혁 연구원**

'같이' 있어
더 나은 '가치'를 만들다

독도 생태조사에서 꿀케미를 자랑하며 '같이'의 '가치'를 확인시킨 두 남자, 바로 최승세 전임 연구원과 이승혁 연구원이다. 지금도 같은 팀전국자연환경조사에서 업무를 진행하고 있는 이들은 1차부터 4차까지 독도 조사에 함께 하면서 동고동락同苦同樂한 사이다.

(좌) 이승혁 연구원 (우) 최승세 전임연구원

"힘든 조사를 마치고 지는 해를 보면서
 일행 모두 함께 독도를 떠나는데,
 가슴에서 뭔가 뭉클한 감정이 생기더라고요.
 지금도 그 때의 감정이나 기억이
 아주 생생할 정도입니다."

독도 식물을 조사했던 최승세 전임연구원에게 먼저 네 차례의 독도 조사가 힘들지 않았는지를 묻자, 첫 번째 조사의 기억을 떠올린다.

"초기 조사는 이른 새벽부터 4시간 동안 작은 낚싯배를 타고 독도까지 갔어요. 속이 울렁거리는 상태로 들이치는 파도를 온몸으로 맞아가면서 긴~ 시간 이동하니까 정말 힘들었죠. 만약 함께 하는 동료들이 없었다면 훨씬 더 고통스럽게 느꼈을 거예요. 무전기로 서로의 안전을 묻고 조금이라도 공간을 내어주는 팀원들이 있어서 힘을 낼 수 있었죠."

'왜 독도에 온다고 했을까'라는 원망이 들만큼 녹초가 된 몸을 추스르고 조사를 진행했던 이승혁 연구원은 가장 힘들었던 첫 번째 조사를 마치고 떠나던 순간, 아이러니하게도 독도에 온 것을 감사하면서 보람을 느꼈다고 한다.

"힘든 조사를 마치고 지는 해를 보면서 동료들과 배에 올랐는데, 점점 작아지는 독도를 보면서 가슴에서 뭔가 뭉클한 감정이 올라오더라고요. 지금도 그 때의 감정이나 기억이 아주 생생합니다."

'같이' 했기에 독도 조사의 뜻 깊은 '가치'를 느낄 수 있었다는 최승세 전임연구원과 이승혁 연구원. 육상생물 연구자들이 한 번도 가보지 못했던 겨울조사에서 계절을 거슬러 피어 있는 해국과 술패랭이꽃을 함께 보며 감탄했던 기억을 잊지 못하는 순간으로 꼽았다.

두 사람은 5년마다 진행되는 독도 생태계 정밀조사에서 더욱 역량을 발휘하고 싶은 소망으로, 현재는 자연환경 보전 대책 수립에 필요한 전국자연환경 식물 조사에 매진하고 있다.

독도를 아름답게 만드는 식물의 보전

다양한 식물들이 척박한 환경을 이겨 내고 살아가던 독도에 큰 시련이 닥친 시기가 있었다. 해방 이후부터 한국전쟁까지 우리의 관심이 미치지 못한 기간에 미군이 독도를 공군사격장 삼아 수차례 폭격을 가해서 독도의 식물들이 막대한 피해를 입은 것이다. 그러나 다행스럽게도 식물들은 다시 자라나기 시작했고, 독도에 나무를 심어서 푸른 독도를 만들겠다는 노력도 곳곳에서 일어났다.

섬괴불 군락 ⓒ 송세규

독도를 위한 나무 심기

울릉도 애향회 사람들이 1973년 소나무 50주를 심은 것을 시작으로 이어 울릉도 산악회, 해양경찰대, 울릉군, 독도사랑회, 푸른 울릉·독도 가꾸기 모임에서도 나무 심기 운동에 동참했다. 하지만 20년이 넘는 기간 동안 많은 사람들이 독도 곳곳에 심었던 12,339주의 나무들은 안타깝게도 대부분 척박한 환경을 이겨내지 못한 채 죽고 말았다. 게다가 1996년 문화재청이 독도 환경 및 생태계 교란 등을 이유로 독도 나무 심기와 관련된 입도를 불허하면서 나무 심기는 중단되었다.

그러나 독도 나무 심기는 2011년 울릉군에 의해 다시 시작되어 2014년까지 사철나무, 섬괴불나무, 보리밥나무 3,960주를 심었으며, 이때 심은 나무들은 지속적인 관리를 통해 지금도 건강하게 자라고 있다. 특히 사철나무는 90% 이상이 뿌리를 내리고 살아가는 것으로 조사되었다.

신중해야 하는 인위적인 식물 유입

하지만 우리는 독도에 유입되는 식물에 대해 항상 신중해야 한다. 인위적으로 유입되는 식물들은 기존에 살고 있던 생물에게 영향을 미치기 때문이다. 우리가 외국에 나갈 때 출국 심사를 받고 물건은 세관에서 통관 절차를 받으며, 외국에서 들어오는 생물들은 국립생태원 등에서 위해성 평가를 받고 있지만, 현재 독도에 들어오는 생물에 대해서는 위해성 평가가 이루어지지 않는다. 앞으로 독도에 식물을 식재할 때는 종 선정도 중요하지만, 의도치 않은 다른 식물의 씨나 영양기관구근, 줄기 등이 들어오지 못하도록 주의해야 한다.

과거 쇠무릎이 독도에 들어와서 다수의 바다제비가 죽은 적이 있다. 다른 지역에서는 다른 생물과 잘 어울려 살았던 쇠무릎이 독도에서는 심각한 문제를 일으킨 것이다. 식물의 뿌리 부위에 굴을 뚫어서 집을 짓고 사는 바다제비몸길이 약 20cm가 집을 나설 때, 쇠무릎의 씨가 달라붙어 날개가 상하고 결국 탈진으로 목숨을 잃고만 것이다.

울릉군은 이 문제를 해결하기 위해 2007년부터 2012년까지 6년 동안 약 6톤에 가까운 쇠무릎을 제거하였고, 개밀·돌피 등 독도 자생식물들이 쇠무릎이 제거된 장소에 자라나면서 바다제비는 다시 독도에서 생활할 수 있게 되었다. 이러한 일이 되풀이되지 않도록 외부에서 독도로 들어갈 때는 식물의 씨가 같이 들어가지 않도록 주의하고, 혹시라도 독도에서 자라는 것이 확인될 경우 독도 생태계에 미치는 영향을 지속적으로 파악해야 할 것이다.

독도의 식물은 독도를 보다 푸르고 아름답게 만들 뿐 아니라 토양의 유실을 막아 주고 다양한 생물들이 살아갈 터전이 되어준다. 따라서 앞으로 독도의 식물을 잘 보전해 아름다운 독도의 환경을 지켜 나가야 할 것이다.

국립백두대간수목원 백두대간종보존실 생태연구팀 송세규 대리

2014년부터 국립생태원 생태조사연구실에서 전국자연환경조사, 특정도서 정밀조사, 무인도서 자연환경조사의 식생분야 조사와 총괄 업무로 참여하였다. 2017년 10월부터 국립백두대간수목원에서 근무하고 있다.

class 04

독도의
조류

독도에는 텃새가 적고 철새가 많다. 해마다 독도에서 번식하는 괭이갈매기와 바다제비 등 몇몇을 제외하면 봄철이나 겨울철 번식과 월동을 위해 이동하는 철새들이 잠시 머물기 좋은 장소이기 때문이다.

독도에서 번식하는 괭이갈매기

울음소리가 고양이와 비슷해서 '괭이-'라는 이름이 붙은 괭이갈매기(*Larus crassirostris*). 우리나라 갈매기류 중 개체 수가 가장 많은 괭이갈매기는 겨울철 울릉도 해안이나 내륙 동해안으로 이동하여 지내다가 매년 2월경 독도를 찾아 번식하는 독도의 수호자다. 2월의 독도에서는 괭이갈매기 무리가 조용히 앉아서 쉬거나 갑자기 고양이 소리를 내며 날아오르는 모습을 쉽게 볼 수 있다. 여러 날에 걸쳐 지난해 자신이 번식했던 곳을 찾아오는 괭이갈매기들은 최종적으로 수천 마리의 큰 무리를 이룬다. 그러다 보니 낮에는 곳곳에서 세력권 다툼을 벌이지만 신기하게도 저녁이 되면 언제 싸웠냐는 듯 사이좋게 해상으로 날아가 잠을 잔다. 이 시기에는 해상의 야간 온도가 육상보다 높기 때문이다.

기온이 올라가는 4월이 되면 괭이갈매기는 육상에 정착하여 본격적으로 번식에 들어간다. 수천 마리가 무리지어 번식하는 건 각 개체에게 이익이 되지만 불이익도 초래한다. 가장 큰 장점은 포식자의 공격으로부터 자신의 새끼를 보호할 수 있다는 점. 포식자가 나타나면 일제히 날아올라 포식자가 둥지에 접근하지 못하도록 함께 대응할 수 있다. 그러나 둥지 세력권이 1㎡도 되지 않는 제한된

괭이갈매기 *Larus crassirostris*

분류 체계	Chordata 척삭동물문 > Aves 조류강 > Charadriiformes 도요목 > Laridae 갈매기과 > Larus 갈매기속 > crassirostris 괭이갈매기
몸길이	44 ~ 48cm
체색	등과 날개의 윗면은 짙은 회색, 첫째 날개깃 끝부분은 검은색이다. 노란색 부리의 끝부분은 붉은색 또는 검은색이다.
분포	한국, 일본, 사할린, 쿠릴 열도
서식 형태	텃새
먹이	어류, 연체동물, 곤충류

괭이갈매기 알(위)과 괭이갈매기(아래) ⓒ 김창회

장소에서 번식하다 보니 집단 내 장소나 배우자를 두고 개체 간 경쟁이 치열하며, 둥지 소유자 사이에 간통이 발생할 수 있다. 그래서 개체 간에 꼬리를 물어당기거나 부리를 물고 잡아당기는 세력권 방어 행동이 나타난다. 신기한 건 괭이갈매기들은 둥지에서 세력권 방어를 위해 격렬히 싸우다가도 일단 둥지를 떠나면 거짓말처럼 사이좋게 지낸다는 사실이다.

괭이갈매기는 주변에 있는 마른 풀을 움푹 파인 곳에 쌓아 둥지를 만들고 알을 낳는다. 알은 보통 녹갈색 혹은 회갈색 바탕에 검은 반점이 있으며 둥지 당 2개 정도가 가장 많다. 암수가 교대로 알을 품어 25일 정도 지나면 새끼가 태어난다. 암수 중 한 마리는 먹이를 구하러 가고 다른 한 마리는 새끼가 세력권을 벗어나지 않도록 보살핀다. 먹이를 잡으러 간 어미가 돌아오면 새끼는 어미의 부리를 쪼아 토하게 하고 그것을 먹는다. 어미가 둥지 속 새끼에게 운반하는 1회 먹이양은 거리에 따라 달라지는데 먹이를 잡는 위치가 가까울 때는 양이 적고 멀면 많다. 이처럼 운반할 수 있는 먹이양은 제한적이지만 가장 적절한 분량의 먹이를 잡아 경제적인 행동으로 에너지 손실을 줄인다.

새끼는 태어난 지 일주일이 되면 행동력을 갖는다. 그런데 이때 포식자를 피해 이리저리 도망 다니다 이웃의 세력권을 넘는 사고가 발생한다. 괭이갈매기는 새끼를 키우는 둥지 부근에서 다른 개체의 침입을 용서하지 않기 때문에, 어미가 세력권을 넘어 온 새끼를 부리로 쪼거나 경사진 바위 아래로 떨어뜨려 죽게 만든다. 그러나 갖은 시련을 딛고 살아남은 새끼들은 45일 정도 되면 스스로 해상을 향하여 날아가거나 독도 주변을 맴돌며 멸치나 정어리를 잡아먹는다. 이 시기에도 수천 마리의 괭이갈매기가 독도 하늘을 뒤덮다가 7월에 이소한 새끼들은 수백 마리씩 무리 지어 독도를 떠난다.

이동 중 잠시 독도에 머무는 후투티

머리 위 아름다운 관모와 길고 가는 부리를 가진 후투티(*Upupa epops*). 넓게 펴고 접을 수 있는 관모가 마치 인디언 추장의 장식과 비슷하다 하여 '추장새'라고도 불린다. 옛날에는 뽕나무밭 주변에 서식하여 '오디새'라 부르기도 했지만 후투티의 먹이는 오디가 아니라 곤충의 성충이나 유충이다. 후투티는 먹이를 찾을 때 아래쪽으로 휘어진 5cm 정도의 가늘고 긴 부리로 땅속을 찌르면서 땅강아지나 지렁이 등을 잡아먹는다. 부리는 땅속의 벌레를 잡기 좋은 형태로 되어 있어 먹이가 도망치려고 난폭하게 움직이면 돌이나 단단한 도로에 두들겨 움직임을 둔화시킨 후 삼킨다.

우리나라 내륙에 도래하는 후투티는 여름 철새로 마을 주변의 고목이나 한옥 용마루의 구멍에 둥지를 틀고 번식한다. 후투티가 밭에서 먹이를 찾을 때 사람이 접근하면 수 미터에서 수십 미터를 날아갔다가 돌아오고, 다시 접근하면 또 수 미터에서 수십 미터를 날아갔다가 오는데 이러한 방해가 지속되면 아예 다른 장소로 날

후투티 ⓒ 김창회

후투티 *Upupa epops*

분류 체계	Chordata 척삭동물문 > Aves 조류강 > Upupiformes 후투티목 > Upupidae 후투티과 > Upupa 후투티속 > epops 후투티
몸길이	26 ~ 32cm
체색	머리에 앞뒤로 길게 뻗은 황갈색의 깃이 있는데, 끝부분이 검다. 머리, 등, 가슴은 황갈색, 배와 허리는 흰색이다.
분포	한국, 일본, 중국, 유라시아, 아프리카
서식 형태	여름 철새
먹이	곤충류 유충, 거미류, 지렁이

아가 버린다. 그러다 먹이가 부족하면 다시 본래의 장소로 돌아와 먹이를 찾는다. 우리나라에서 후투티가 번식하는 장소에는 동일한 종의 다른 쌍이 들어와 번식하는 경우가 거의 없다. 이럴 경우 먼저 온 개체가 자원이 많은 장소를 선점하고 다음에 온 개체는 이보다 자원이 적은 장소를 점령한다. 그렇게 경쟁이 없는 다른 장소를 선택하여 번식한다.

가을철에는 북한이나 러시아 남동부, 중국 동부에서 번식한 새들이 동남아시아로 이동하던 중 이따금 독도에 내려앉아 바위틈이나 식물 틈새에서 먹이를 찾곤 한다. 장거리 이동을 위해 독도에 머무는 철새들은 번식지와 월동지로 떠나기 전 에너지를 보충하고자 부지런히 먹이를 찾는다. 섭취한 먹이는 대부분 지방으로 축적되며, 이동할 때 지방을 분해하면서 목적지에 도달한다. 그러나 이동 거리에 필요한 양을 과다하게 축적하면 오히려 체중 증가로 비효율적일 수 있기 때문에, 새들은 이동 거리와 자신의 체중 관계를 경험에 의해 알아내고 최적의 먹이양을 섭취한다.

새는 대부분 여러 마리가 함께 이동하는데 어린 개체나 체력이 약한 개체는 무리를 따라가지 못하는 경우가 있다. 독도에서 만난 후투티도 무리에서 뒤떨어진 개체일지 모른다. 새는 이동할 때 지방만 이용하는 것이 아니라 에너지 손실을 줄이고 효율을 높이기 위해 바람이나 기류를 이용한다. 다시 목적지로 향하기 위해 먹이를 섭취하던 독도의 후투티도 잠시 머물면서 에너지를 보충한 뒤 바람과 기류를 타고 남쪽으로 떠나갈 것이다.

Add Info.

새의 부리와 먹이의 종류

새의 부리는 먹이의 종류와 밀접한 관계가 있다. 매의 부리는 끝이 날카롭고 갈고리처럼 아래로 휘어져 쥐나 새의 고기를 찢어 먹기에 적당하고, 마도요의 부리는 길고 뾰족하며 아래로 휘어져 갯벌 속의 게, 새우, 갯지렁이를 잡기에 알맞다. 이처럼 새의 부리는 종에 따라 다양하고 특이한 모양으로 먹이에 대한 경쟁을 피하고 자신이 먹는 먹이 종류에 적합하게 적응된 것이다.

해국에서 곤충을 잡아먹는 상모솔새

우리나라에서 관찰되는 새 중 가장 작은 상모솔새(*Regulus regulus*)는 전장이 9cm, 체중은 6g에 불과하다. 상모솔새는 빠른 날갯짓으로 나무 사이를 날아다니며 작은 딱정벌레와 파리, 거미를 잡아먹는다. 머리에는 검은색 가운데 노란 세로 줄무늬가 있는데, 상모솔새가 움직일 때면 이 노란 줄무늬를 상대방에게 내보이며 날카로운 고음으로 대화를 하는 것처럼 보인다.

겨울 철새로 우리나라를 찾는 상모솔새는 동물성 먹이를 섭취할 뿐 아니라 솔방울에 거꾸로 매달려 씨를 빼 먹기도 한다. 나무 사이의 간격이 다소 먼 곳으로 이동할 때는 마치 후춧가루가 바람에 날리듯 순식간에 옮겨간다. 새는 작을수록 몸의 상대적 표면적도 커지기 때문에 많이 먹어서 에너지를 보존해야 한다. 그래서 상모솔새는 빠른 날갯짓으로 이리저리 날아다니며 부지런히 먹이를 섭취한다. 몸이 클수록 튼튼하고 무거운 근육을 가지고 공중에 오래 머물러야 하기 때문에 무작정 몸무게를 늘릴 수는 없다.

독도의 상모솔새는 해국의 꽃에 묻혀 먹이를 찾는다. 해국의 수술을 일일이 뜯어내고 그 속에 숨은 곤충을 잡아먹으면서, 포식자에게 발견되지 않으려고 꽃과 잎 사이에 숨었다 나타나기를 반복하며 빠르게 움직인다. 상모솔새뿐 아니라 이보다 약간 큰 검은머리방울새나 되새의 무리도 먹이를 찾기 위해 해국에 모여든다. 이들은 해국에서 찾는 먹이가 동일하지만 먹이에 대한 종간 또는 종내 경쟁은 거의 없다. 3종의 경쟁 관계는 되새 〉 검은머리방울새 〉 상모솔새 순으로 결정되지만 순위가 높은 종이 낮은 종을 쫓아내는 모습은 볼 수 없다. 단지 순위가 높은 종이 꽃 사이로 자유롭게 먹이를 찾아다니면, 순위가 낮은 종은 다른 꽃으로 자리를 옮길 뿐이다. 이는 높은 순위의 새가 다른 종 또는 동일한 종의 새들을 쫓아내면서 꽃을 방어하면 자신이 얻는 에너지보다 손실이 더 크고, 자신이 다른 종의 무리와 섞여 있을 때 매와 같은 포식자를 쉽게 발견하여 빨리 도망칠 수 있기 때문이다.

이와 같이 각각의 종 또는 개체는 혼군을 형성하여 먹이를 찾을 때 나름대로 이익을 얻는다. 또 포식자가 접근할 때 많은 새들이 사방으로 흩어지면, 포식자의 포획 성공률은 낮아진다. 그래서 독도의 해국은 곤충에게 삶의 터전이기도 하지만 이동 중인 새들에게 에너지를 보충해 주는 매개체이며, 포식자로부터 숨을 곳을 제공해 주는 중요한 식물이다. 독도에서는 하나의 생물이 다른 생물들과 연관되어 살아가 는 생태계의 모습이 계속해서 연출된다.

상모솔새 *Regulus regulus*

분류 체계	Chordata 척삭동물문 > Aves 조류강 > Passeriformes 참새목 > Regulidae 상모솔새과 > Regulus 상모솔새속 > regulus 상모솔새
몸길이	9 ~ 10cm
체색	윗면은 어두운 연두색으로 머리꼭대기가 검은색이고, 중앙부가 노란색이다. 수컷은 머리꼭대기에 붉은색 반점이 있으나 암컷은 없다. 날개에는 검은색과 흰색 줄무늬가 있다.
분포	한국, 일본, 유라시아
서식 형태	겨울 철새
먹이	곤충류, 거미류, 소나무 씨앗

상모솔새 ⓒ 김창회

바다제비 ⓒ 박창욱

바다제비 *Oceanodroma monorhis*

분류 체계	Chordata 척삭동물문 > Aves 조류강 > Procellariformes 슴새목 > Hydrobatidae 바다제비과 > Oceanodroma 바다제비속 > monorhis 바다제비
몸길이	17 ~ 20cm
체색	전체적으로 흑갈색인데 날개의 윗면은 밝은 갈색을 띤다. 부리와 다리는 검은색이다.
분포	한국, 일본, 중국 동부, 러시아 남동부
서식 형태	여름 철새
먹이	어류, 갑각류

밤에 활동하는 바다제비의 번식 전략

바다제비(*Oceanodroma monorhis*)는 대양에서 생활하다가 번식기가 되면 독도에 둥지를 튼다. 독도 전 지역의 지상에 둥지를 틀고 낮에 활동하는 괭이갈매기와 달리, 바다제비는 천적을 피하기 위해 지상에 구멍을 파서 둥지를 틀고 밤에 활동한다. 바다제비 둥지는 동도 북사면의 경사진 곳 중 구멍이 잘 파지고 돌이 적은 곳에 위치한다. 얕은 토양층에 사초과 식물이 뿌리를 내린 틈이나 바위틈에 구멍을 파고 여러 마리의 쌍이 모여 각자 둥지를 만든다.

바다제비는 번식지에서 포식자를 피하기 위하여 야간에 활동하기 때문에 시각보다 청각을 통해 의사소통한다. 동일한 섬에서 번식하는 괭이갈매기가 야간에 활동을 멈추기 때문에 바다제비는 조용한 밤이면 섬에 나타나 한밤중까지 번식 행동을 한다. 즉 낮에는 괭이갈매기가 포식자를 방어해 주고, 활동 시간대도 괭이갈매기와 겹치지 않기 때문에 번식 성공률이 높아지는 것이다.

대부분의 기간을 바다에서 생활하는 바다제비는 새끼에게 줄 먹이가 풍부한 시기를 역으로 계산하여 번식 시기를 결정한다. 해양 환경은 육지보다 변화가 심해서 바다제비는 한배에 1개의 흰색 알을 낳는다. 한배의 산란 수는 자연선택에 의해 결정된 것이며 자신이 키워 낼 수 있는 새끼 수이기도 하다. 만약 알을 품는 시기에 다른 둥지의 알을 추가하면 품어서 부화시키는 데는 성공할지 몰라도, 어미가 새끼 두 마리 분량의 먹이를 운반해 오려면 에너지 소모가 커지기 때문에 한 마리도 제대로 키워 내지 못할 것이다. 결국 가진 능력보다 많은 새끼를 키우려고 할 때 어미의 생존율이 감소하여 생애 기간 키워 낼 수 있는 전체 새끼의 수도 적어진다.

흰색 알을 낳는 바다제비는 약 40일 동안 알을 품고, 2개월 정도 새끼에게 먹이를 물어다 준다. 바다제비의 어미는 먹이가 풍부한 시기에 새끼가 태어나도록 번식 시작시기를 잘 맞추어야 하는데, 먹이가 적은 시기에 부화된 새끼는 둥지를 떠날 때 체중이 평균보다 적어 포식자에게 쉽게 잡아먹히거나 자연사할 확률이 높다. 때문에 번식 시기를 잘 조절하는 것은 경쟁 경험이 풍부한 어미의 능력이다.

Add Info.

조류의 알 색깔이 지닌 의미

포식자로부터 눈에 띄지 않는 구멍에 둥지를 트는 조류의 알은 비교적 흰색이 많고, 윗부분이 트인 장소나 둥지에 알을 낳는 조류는 주변 환경과 조화된 색깔의 알을 많이 낳는다. 또 전자의 경우가 후자보다 알을 품는 기간이나 새끼에게 먹이를 물어다 주는 기간이 비교적 길다. 포식자의 눈에 잘 띄지 않는 둥지는 번식 기간의 대부분을 둥지에서 해결하는 것이 유리하기 때문이디. 또 조류의 알에 색깔이 없는 것흰색은 색깔을 넣는 것보다 에너지 소모가 적기 때문에, 포식자에게 발견될 우려가 적은 종의 둥지에는 흰색 알이 많다.

작은 새가 독도에서 살아남는 방법

포식자가 피식자를 잡는 포획 성공도는 대체로 불시에 공격하는 것과 관련이 있다. 만일 표적이 되는 피식자가 경계를 철저히 하면 포식자의 포획 성공률은 낮아진다. 독도에서 물가에 모여 있는 검은머리방울새(*Carduelis spinus*)는 혼자 물을 마실 때 빈번하게 고개를 들지만, 여러 마리가 무리지어 물을 마실 때는 주변을 거의 살피지 않는다. 하지만 무리지어 물을 마실 때 새들이 번갈아 가며 고개를 들고 주변을 살피는 횟수를 합치면 혼자 물을 마실 때보다 많다. 이처럼 검은머리방울새는 무리를 지어 포식자에 대한 경계를 철저히 하면서 멀리 떨어져 있는 매를 조기에 발견하고 포식자가 가까이 접근하기 전에 도망치거나 숨는다.

독도에는 검은머리방울새뿐 아니라 다음 목적지로 이동하기 위해 일시적으로 머무는 다수의 종이 있다. 검은머리방울새, 방울새(*Carduelis sinica*), 되새(*Fringilla montifringilla*)는 20마리 정도 무리를 지어 머물고, 상모솔새, 양진이(*Carpodacus roseus*), 한국동박새(*Zosterops erythropleurus*) 등은 단독으로 머물거나 10마리 이하의 작은 무리를 지어 머문다. 그리고 매는 상공을 날거나 바위에 앉아서 먹잇감이 되는 작은 새를 노린다.

검은머리방울새 수컷(위)과 암컷(아래) ⓒ 김창회

검은머리방울새 *Carduelis spinus*

분류 체계	Chordata 척삭동물문 > Aves 조류강 > Passeriformes 참새목 > Fringillidae 되새과 > Carduelis 방울새속 > spinus 검은머리방울새
몸길이	11 ~ 13cm
체색	수컷은 머리와 목이 검은색이고, 가슴은 노란색이다. 암컷의 머리는 녹색을 띤 회색이고, 전체적으로 수컷보다 연한 색깔을 띤다.
분포	한국, 일본, 유럽, 러시아, 동아시아
서식 형태	겨울 철새
먹이	식물 씨앗

이따금 매가 소형 조류들이 먹이를 먹는 해국 주변을 습격하는데, 이때 소형 조류는 어디선가 들리는 "삑–삑–" 높은 소리의 경계음을 듣고 다함께 날아가거나 수풀 속으로 숨는다. 어느 한 종류가 아니라 여러 종류의 새들이 무리를 짓거나 뿔뿔이 흩어져서 상공을 날아다니는데, 이것은 매에게 시각적 혼동을 주어 자신이 잡힐 확률을 낮추는 나름의 대처방법이다. 혼군에서는 새의 나는 형태와 속도가 종류별로 다르기 때문에 포식자는 어떤 종의 새를 추적하여 잡아야 할지 더욱 혼란이 가중된다.

일반적으로 새들의 사회에서는 경계를 잘하는 종과 먹이를 잘 찾는 종이 혼군을 형성하여 서로의 장점을 공유한다. 새가 무리로 생활하면 포식자에게 발견될 확률이 높고 제한된 먹이를 놓고 경쟁해야 하지만, 포식자를 조기에 발견할 수 있기 때문에 잡힐 가능성은 낮아진다. 그래서 목숨을 담보로 먹이를 독식하려는 위험은 감수하지 않는 것이다.

방울새 *Carduelis sinica*

분류 체계	Chordata 척삭동물문 > Aves 조류강 > Passeriformes 참새목 > Fringillidae 되새과 > Carduelis 방울새속 > sinica 방울새
몸길이	13 ~ 16cm
체색	머리, 등, 가슴, 배는 녹갈색, 부리는 밝은 분홍색이다. 날개깃과 꼬리는 검고, 꼬리깃 가장자리와 날개에 노란색 띠가 있다. 암컷은 수컷보다 색이 연하다.
분포	한국, 일본, 중국, 몽골, 러시아 동남부
서식 형태	텃새
먹이	식물의 씨앗, 곤충류

방울새 ⓒ 김창회

되새 © 김창회

되새 *Fringilla montifringilla*

분류 체계	Chordata 척삭동물문 > Aves 조류강 > Passeriformes 참새목 > Fringillidae 되새과 > *Fringilla* 되새속 > *montifringilla* 되새
몸길이	14 ~ 16cm
체색	머리와 등은 여름에 검은색, 겨울에 연한 흑갈색을 띤다. 멱, 가슴, 어깨는 황갈색이고 배는 흰색이며 날개에 흰 줄무늬가 2개 있다.
분포	한국, 일본, 유라시아 북부, 북아프리카, 중앙아시아
서식 형태	겨울 철새
먹이	식물의 씨앗, 곤충류

양진이 *Carpodacus roseus*

분류 체계	Chordata 척삭동물문 > Aves 조류강 > Passeriformes 참새목 > Fringillidae 되새과 > Carpodacus 양진이속 > roseus 양진이
몸길이	15 ~ 17cm
체색	수컷은 머리에서 등과 허리, 가슴에서 배까지 진홍색이고, 이마와 멱에 흰색 반점이 있으며 등에는 검은색 줄무늬가 많다. 암컷은 전체적으로 황갈색이지만, 머리와 가슴은 적갈색이고, 허리는 붉은색이다.
분포	한국, 일본, 시베리아, 몽골, 중국 동부
서식 형태	겨울 철새
먹이	벼과나 마디풀과 식물의 씨앗이나 열매, 딱정벌레목

양진이 © 김창회

한국동박새 © 김창회

한국동박새 *Zosterops erythropleurus*

분류 체계	Chordata 척삭동물문 > Aves 조류강 > Passeriformes 참새목 > Zosteropidae 동박새과 > Zosterops 동박새속 > erythropleurus 한국동박새
몸길이	10 ~ 12cm
체색	몸 윗면은 녹색, 멱과 꼬리 아랫면은 노란색이다. 배 부분은 흰색이고, 가슴 옆은 회색이며 옆구리에 적갈색 반점이 있다. 눈에 흰색 테가 선명하다.
분포	한국, 일본, 극동러시아, 중국 북동부, 인도네시아, 베트남, 태국
서식 형태	나그네 새
먹이	거미류, 곤충류, 진드기류

작은 새들을 노리는 독도의 매

독도는 봄철과 겨울철 번식이나 월동을 위하여 이동하던 새들이 일시적으로 머무는 곳으로, 이동 중 지친 철새들에게 사막의 오아시스와도 같은 장소다. 하지만 이곳에는 맹금류도 먹잇감을 찾기 위해 모여든다. 독도에 머무는 중·소형 조류들은 몸을 숨길 곳이 많지 않고, 장거리 이동으로 체력도 고갈된 상태이기 때문에 맹금류의 입장에서는 독도처럼 작은 섬에 머무는 통과 철새를 포식할 확률이 높다. 다만 먹이가 되는 새에게 들키지 않고 얼마나 가까이 접근하느냐가 관건이다.

독도와 같이 외떨어진 장소는 지쳐 있는 새를 포획하기에 더할 나위 없이 좋다. 맹금류는 독도에서 물을 마시거나 먹이를 찾는 새들을 종종 공격한다. 매(*Falco peregrinus*)가 오리 같은 중대형 조류를 습격할 때는 일단 급상승한 뒤 날고 있는 먹이를 상공에서 급강하하여 예리한 발톱으로 차서 떨어뜨려 숨통을 조인다.

매 ⓒ 김창회

매 *Falco peregrinus*

분류 체계	Chordata 척삭동물문 > Aves 조류강 > Falconiformes 매목 > Falconidae 매과 > Falco 매속 > peregrinus 매
몸길이	38~50cm
체색	머리, 등, 날개는 어두운 청회색이고 아랫면은 흰색에 검은색 줄무늬가 있다. 눈에는 노란색 테가 있고, 가슴 무늬는 개체에 따라 다르다.
분포	한국, 일본, 시베리아, 사할린, 중국
서식 형태	텃새
먹이	소형 ~ 중형 조류 및 포유류

바위에 앉아 먹잇감을 노리는 매 ⓒ 이진희

이러한 중대형 조류는 한 끼에 다 먹을 수 없기 때문에 절벽 틈이나 초원의 수풀에 감춰 저장해 두고 먹는다. 또 매보다 크기가 작은 새매는 작은 새가 날아갈 때 쫓아가서 발톱을 이용해 잡는다. 이들이 먹이를 잡을 때는 시속 200km가 넘는 속도로 작은 새들을 급습한 뒤, 급강하와 급상승을 하며 예리한 발톱으로 낚아챈다.

새를 잡아먹는 맹금류의 부리는 윗부리가 아랫부리보다 길고, 윗부리 끝부분이 날카롭게 아래로 휘어져 있다. 또 다리는 짧고 튼튼하며 발톱은 날카롭게 안쪽으로 휘어져 있다. 맹금류는 부리로 물고기를 잡는 물총새와 달리 발톱이 먼저 먹이쪽으로 향한다. 부리와 발뿐만 아니라 새의 모든 형태는 그들의 먹이 종류와 밀접한 관련이 있다.

맹금류는 먹잇감을 손쉽게 잡을 수 있는 방향으로 진화해 온 반면, 먹이가 되는 중소형 조류들도 포식자로부터 잡히지 않는 방향으로 진화를 거듭해 왔다. 독도 생태계에서도 이와 같이 포식자와 피식자 간 군비확장경주는 지속되고 있다. 독도에서 맹금류가 작은 새를 포획하려고 할 때 언제나 쉽게 성공했던 것은 아니다. 맹금류는 먹잇감인 새들을 멸종시킬 정도로 포획 능력이 완벽하지 못하고, 먹잇감인 새들도 맹금류로부터의 회피 능력이 완벽하지 않다. 이는 어느 한쪽이 경쟁에서 완벽하게 이기거나 지면 나머지 한쪽의 생존도 보장되지 않기 때문이다.

그 외 독도에서 발견된 조류들

참새(*Passer montanus*)_ 농경지가 있는 마을과 어촌에 많이 서식하고, 도시에서도 종종 관찰되는 참새는 번식기에는 곤충류를 먹고, 번식기가 끝나면 곡류를 먹는 잡식성 조류다. 독도에서는 2005년 4월, 기와지붕으로 지어진 경비대 막사 처마에서 번식하는 것을 확인하였다. 그런데 최근 경비대 막사가 슬라브 건물로 증축되어 참새가 둥지를 틀기 어렵게 됐다.

섬참새(*Passer rutilans*)_ 여름에 울릉도를 찾아와 번식하는 섬참새는 인가 주변의 고목이나 나무 덩굴, 잎이 무성한 곳에 둥지를 튼다. 참새와 비슷하게 생겼으나 뺨에 검은색 반점이 없어 쉽게 구분이 가능하다. 5월 하순~7월 상순경 한배에 5~7개의 알을 낳으며 번식기에는 가족군으로 생활한다. 독도에서는 참새가 둥지를 튼 경비대 막사 주변의 나뭇가지에 앉아있는 모습이 발견되었다.

흑비둘기(*Columba janthina*)_ 우리나라에서 관찰되는 비둘기류 중 가장 큰 새다. 주로 울릉도, 가거도 등 상록활엽수림이 울창한 지역에서 번식하며, 5~6월경 한배에 1개의 알을 낳는다. 울릉도에서는 흔히 볼 수 있고 독도에서도 종종 관찰되지만 독도에서의 번식 여부는 알 수 없다. 최근 도로 건설 및 관광자원 개발 등으로 활엽수림이 급속도로 훼손되는 가운데 환경부는 흑비둘기를 멸종위기야생생물 Ⅱ급으로 지정·보호하고 있다.

황로(*Bubulcus ibis*)_ 다른 백로류에 비해 두툼하고 짧은 부리를 가졌으며 물가에서 물고기를 잡기보다 논둑이나 초지에서 곤충류를 잡아먹는다. 연1회 번식하는 황로는 4~8월경 보통 2~5개의 알을 이틀 간격으로 낳는데 그러다보니 새끼들의 일령 차가 커서 먹이 다툼 끝에 먼저 부화한 새끼가 동생을 죽이는 경우도 종종 발생한다. 독도에서는 번식하지 않으며 겨울철을 제외하고 소수의 개체가 관찰된다.

참새 ⓒ 김창회

참새 *Passer montanus*

분류 체계	Chordata 척삭동물문 > Aves 조류강 > Passeriformes 참새목 > Passeridae 참새과 > Passer 참새속 > montanus 참새
몸길이	14 ~ 15cm
체색	암수 모두 머리는 진한 갈색, 등은 갈색에 검은색 줄무늬가 있다. 목과 뺨에 검은색 반점이 있고, 날개에는 흰색 띠가 2개 있다.
분포	한국, 일본, 유라시아
서식 형태	텃새
먹이	곤충류, 곡류

섬참새 ⓒ 김창회

섬참새 *Passer rutilans*

분류 체계	Chordata 척삭동물문 > Aves 조강 > Passeriformes 참새목 > Passeridae 참새과 > Passer 참새속 > rutilans 섬참새
몸길이	13 ~ 14cm
체색	수컷의 머리와 등은 적갈색이고, 등에는 검은색 반점과 날개에는 흰색 띠가 2개 있다. 목에는 검은색 반점이 있으나, 뺨에는 검은색 반점이 없다. 암컷은 전체적으로 연한 갈색이다.
분포	한국, 일본, 러시아, 아시아
서식 형태	여름 철새
먹이	곤충류, 곡류

흑비둘기 *Columba janthina*

분류 체계	Chordata 척삭동물문 > Aves 조류강 > Columbiformes 비둘기목 > Columbidae 비둘기과 > Columba 흑비둘기속 > janthina 흑비둘기
몸길이	37 ~ 43cm
체색	암수 모두 몸 전체가 검은색으로 목 부분에는 녹색과 보라색 광택이 있으며, 다리는 분홍색이다.
분포	한국, 일본, 동아시아
서식 형태	텃새
먹이	상록활엽수 열매, 달팽이, 지렁이

흑비둘기 ⓒ 김창회

황로 ⓒ 김창회

황로 *Bubulcus ibis*

분류 체계	Chordata 척삭동물문 > Aves 조류강 > Ciconiiformes 황새목 > Ardeidae 백로과 > Bubulcus 황로속 > ibis 황로
몸길이	46 ~ 56cm
체색	번식기에 머리, 목 등 일부가 붉은색을 띠지만, 번식기가 지나면 전체적으로 흰색이 된다. 다리는 검은색이다.
분포	한국, 일본, 유라시아, 아메리카, 호주
서식 형태	여름 철새
먹이	곤충류, 어류, 양서류

로빈슨 크루소에서 노숙자까지… 조류 연구자들의 수난사

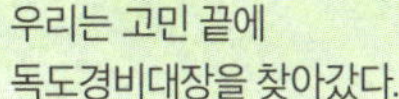

결국 연구원들은 나무 침상, 처마 밑, 계단 모서리, 선박 갑판에 침낭과 옷 등 덮을 수 있는 것들을
총동원해 누웠고, 그 밤 우리는 강제로 독도의 노숙자가 되었다.

국립생태원 **김창회 연구지원전문관**

독도를 찾는 새들이
'왜 이곳에 왔을까' 늘 궁금합니다

1996년 환경부에 근무하던 시절부터 10여 차례 넘게 독도를 찾아 조류 생태조사를 해온 김창회 연구지원전문관. 독도가 우리나라 섬들 중 여전히 접근이 힘든 곳이지만, 그래도 예전에 비하면 조사 여건은 많이 좋아졌다고 이야기한다.

"아무래도 옛날에는 조사 인원이 적다 보니, 타고 들어가는 배가 작아서 이동 시간도 오래 걸리고 멀미도 심하게들 하고 그랬죠. 숙소나 식사도 늘 걱정거리였고요."

김창회 연구지원전문관은 그래도 자신은 다행히 뱃멀미를 안 하는 편이라 고생을 좀 덜한 것 같다며 웃는다. 비록 왕래하는 데 많은 수고를 감내해야 하지만, 독도는 충분히 그럴만한 가치가 있는 섬이라고 덧붙인다.

"괭이갈매기나 바다제비처럼 독도를 번식처로 삼는 일부 종을 제외하면, 독도에서 관찰되는 대부분의 새는 이동 중 무리에서 낙오한 개체거든요. 쉬면서 물이나 먹이를 보충하고 체력을 회복하려는 녀석들이죠. 그래서 가까이 가도 도망치지 못하는 새가 많기 때문에 사실 독도는 연구자가 새를 관찰하기에 좋은 지역입니다."

김창회 연구지원전문관은 우리가 흔히 '뱁새'라 부르는 '붉은머리오목눈이(*Paradoxornis webbianus*)의 행동 연구'를 시작으로 30년 넘게 조류를 연구해 왔다. 논문을 쓰기 위해 무려 5년간 천 마리가 넘는 붉은머리오목눈이의 발목에 일일이 표시를 해 추적 관찰하기도 했단다. 덕분에 붉은머리오목눈이가 어떻게 무리를 형성해서 번식하고 생활하는지, 생애 전 과정을 밝힐 수 있었다.

최근 진행했던 2015년 조사까지 20년 가까이 독도의 조류를 연구해 온 그에게, 독도 조류상의 가장 큰 변화가 있다면 무엇인지 물었다.

"최근 조사에서는 참새와 섬참새가 함께 있는 모습이 안 보이더라고요. 그간 활발하게 번식하던 바다제비도 개체 수가 조금 줄어든 것 같고... 아무래도 사람들이 독도에 많이 들어오다 보니 영향을 미치는 것 같습니다."

앞으로 연구자로서 그에게 허락된 시간 동안 지금 독도에서 발견되는 새들이 어떤 이유로 독도를 찾는 것인지, 종별로 그 원인을 밝혀보고 싶다는 김창회 연구지원전문관. 언젠가 그의 포부가 현실로 이루어져서 독도를 찾는 새들을 더 잘 이해할 수 있게 되기를 기대해본다.

class 05

독도의
곤충

아쉽게도 독도에는 크고 멋진 외형을 가진 곤충들은 살지 않는다. 그렇다면 독도에는 어떤 곤충들이 어떤 역할을 하며 살고 있는 것일까? 대형 종보다는 소형 종이 많으며, 잠시 스쳐가는 비래곤충이나 분해자 역할을 하는 청소곤충과 기생하는 종들이 대부분이다.

독도를 생각하면 머릿속에 그려지는 곤충이 있을까? 장수풍뎅이, 사슴벌레, 하늘소처럼 크고 멋진 외형을 가진 곤충들도 독도에 살까? 여러 가지 질문을 했을 때, 대부분의 사람들이 독도의 곤충에 대해 쉽게 떠올릴 수 있는 답은 많지 않다. 이것은 독도의 특수한 자연환경 때문에 식생이 다르다는 의미이자, 독도 곤충에 대한 조사·연구가 아직 부족하다는 뜻이기도 하다. 그렇다면 독도 곤충 연구는 언제, 어떻게, 누구에 의해 시작되었을까?

독도 곤충 조사의 발자취

독도의 곤충 조사는 1974년에 프랑스 학자 졸리베Jolivet가 독도잎벌레(*Longitarsus amiculus*)를 우리나라 신종으로 발표한 것이 최초다. 1974년 이전 독도에서 조사된 곤충에 대한 기록은 없는데, 독도잎벌레도 독도에만 있는 종이 아니라는 것이 밝혀져 현재는 긴발벼룩잎벌레(*Longitarsus succineus*) 라는 국명으로 불리고 있다. 이후 1978년에 故 윤일병 교수 팀에서 10종을 보고했으며, 1981년과 1996년 간헐적으로 조사가 이루어지다 2000년대부터 자연보존협회, 환경부, 문화재청,

해양수산부 등에서 조사를 실시하고 있다. 이렇게 2015년까지 독도 조사 결과로 보고된 곤충은 전부 152종이다.

독도 곤충의 특징

곤충은 잎벌레처럼 식물을 먹거나, 사마귀처럼 다른 곤충을 잡아먹거나, 혹은 기생벌처럼 다른 곤충의 몸속에 기생하는 등 다양한 방법으로 먹이를 취해 살아간다. 하지만 곤충은 소비자 역할만 하는 것이 아니라 생태계의 분해자라는 중요한 역할도 한다. 파리류의 유충을 본 적이 있는가? 과거 재래식 화장실에서 볼 수 있었던 파리류 유충은 일명 구더기라 불렸는데, 이들은 몸에서 분비되는 항균 물질 덕분에 무수히 많은 세균과 바이러스가 있는 곳에서 건강하게 살 수 있었고, 똥을 분해하는 임무를 담당했다.

이렇게 분해자 역할을 하는 청소곤충이 독도에도 산다. 만약 독도에 괭이갈매기 사체가 분해되지 않고 계속 남아 있다면 어떠했을까? 상상만 해도 끔찍한 일이다. 그러나 다행스럽게도 독도에는 동물의 사체를 치워 주고, 똥을 분해해서 양분은 자연환경으로 되돌려 주는 수시렁이류나 파리류가 많이 관찰된다.

또 독도에는 대형 종보다 매미충류, 벌류, 파리류, 딱정벌레류, 잎벌레류 같은 소형 혹은 미소곤충이 많다. 곤충의 먹이 식물이 다양하지 않고, 그나마 존재하는 식물도 강한 바람을 이겨 내기 위해 두꺼운 잎을 가진 종이 많기 때문이다. 특히 몇 종을 제외하고는 대부분 초본식물이어서 각 계절별로 많이 나타나는 종우점종에 따라 곤충상의 변화가 일어나기도 한다. 만약 독도에서 대형종이 목격된다면 이는 해풍이나 외부의 접촉에 의해 잠시 나타나는 비래곤충일 확률이 높다.

식물을 먹이로 하는 곤충

서도의 정상으로 가는 가파른 계단에 올라서면, 명아주류가 많이 분포하는 것을 확인할 수 있는데, 이것을 먹이식물로 하는 곤충이 바로 애남생이잎벌레다. 유충과 성충 시기 모두 명아주류를 먹으며, 4월 중순경에 겨울잠을 자던 성충이 깨어나 활발하게 활동하고 알을 낳기 때문에 독도에서는 새로운 성충을 10월까지 관찰할 수 있다.

생김새가 마치 거북처럼 생겨서 남생이라는 이름이 붙은 애남생이잎벌레(*Cassida piperata*)는 유충의 항문이 등 쪽으로 향해 있어 자신의 배설물을 등에 붙여 천적으로부터 보호한다. 애남생이잎벌레 말고도 명아주나무이(*Heterotrioza chenopodii*), 명아주노린재(*Piesma capitatum*), 두줄명아주노린재(*Piesma (Piesma) maculatum*), 명아주 장님노린재(*Orthotylus flavosparsus*), 알락애바구미(*Cosmobaris scolopacea*) 등은 명아주를 먹이식물로 이용하지만 명아주나무이와 명아주노린재, 두줄명아주노린재, 명아주장님노린재는 수액을 먹이로 하고 알락애바구미는 줄기를 먹이로 이용한다. 이처럼 동일한 식물을 먹더라도 선호하는 부위가 다르기 때문에 경쟁하면서 공존할 수 있는 것이다.

애남생이잎벌레 유충 ⓒ 박진영

애남생이잎벌레 *Cassida piperata*

분류 체계	Arthropoda 절지동물문 > Insecta 곤충강 > Coleoptera 딱정벌레목 > Chrysomelidae 잎벌레과 > Cassida 남생이잎벌레속 > piperata 애남생이잎벌레
몸길이	5 ~ 5.5mm
분포	한국, 일본, 중국, 대만, 필리핀, 시베리아

소루쟁이진딧물 ⓒ 박진영

소루쟁이진딧물 *Aphis (Aphis) rumicis*

분류 체계	Arthropoda 절지동물문 > Insecta 곤충강 > Hemiptera 노린재목 > Aphididae 진딧물과 > Aphis 진딧물속 > rumicis 소루쟁이진딧물
몸길이	2.6 ~ 2.8mm
분포	한국, 일본, 중국, 대만

독도에는 소리쟁이류 식물이 자생하는데, 이것을 자세히 살펴보면 잎맥에 까맣게 붙어 있는 소루쟁이진딧물(*Aphis (Aphis) rumicis*) 무리를 확인할 수 있다. 소루쟁이진딧물은 봄부터 초여름까지 볼 수 있는데, 이때 천적인 무당벌레도 함께 관찰되곤 한다.

다양한 식물에서 관찰되는 독도장님노린재(*Campylomma lividicornis*)는 이 종의 세계 분포상 북방한계선이 독도라는 사실 때문에 생물지리학적으로 중요한 의미를 갖는다. 러시아 연해주 지방에서 처음 기록된 종1968인 초록다홍알락매미충(*Balclutha pseudoviridis*)도 울릉도, 독도에서 관찰되는데 이 종의 세계 분포상 동방한계선이 독도로 보고되고 있다.

독도의 청소곤충

동물들의 사체에서는 이를 분해해 주는 구리금파리(*Lucilia sericata*)
등의 금파리류와 사체가 말라서 건조되면 거기서 나오는 동물성 물질을
먹는 검정수시렁이(*Dermestes (Dermestinus) tessellatocollis*)를 관
찰할 수 있다. 즉, 구리금파리와 검정수시렁이는 독도에서 청소곤충의
역할을 담당하고 있는 것이다. 구리금파리는 사체 등에 알을 낳아 구더
기라고 불리는 유충이 먹음으로써 다시 분해되어 양분으로 돌아가게 하
는 분해자 역할을 하는데, 이런 특징과 달리 성충은 초록빛, 푸른빛 등이
섞여 반짝거리는 외형을 가지고 있어 예쁘고 화려해 보인다.

검정수시렁이는 독도의 괭이갈매기 사체에서 자주 관찰되는 종으로, 사
체 청소를 가장 잘 해주는 곤충이다. 만약 독도에 이러한 청소곤충이 없
다면 독도에는 괭이갈매기 사체로 가득 찰 지도 모른다.

검정수시렁이 *Dermestes (Dermestinus) tessellatocollis*

분류 체계	Arthropoda 절지동물문 > Insecta 곤충강 > Coleoptera 딱정벌레목 > Dermestidae 수시렁이과 > genus Dermestes 수시렁이속 > Dermestinus > tessellatocollis 검정수시렁이
몸길이	7 ~ 9mm
분포	한국, 일본

검정수시렁이 ⓒ 박진영

구리금파리 ⓒ 박진영

구리금파리 *Lucilia sericata*

분류 체계	Arthropoda 절지동물문 > Insecta 곤충강 > Diptera 파리목 > Calliphoridae 검정파리과 > Lucilia > sericata 구리금파리
몸길이	9 ~ 10mm
분포	세계 각지

독도의 비래곤충

독도경비대 주변에는 비교적 다양한 식생이 분포하고 있어 서도보다 좀 더 다양한 곤충을 관찰할 수 있다. 조금 다른 시각에서 보면, 동도가 서도보다 외부인들의 방문이 잦아서 사람이나 운송물품 등에 의해 외부종이 유입되는 확률이 더 높기 때문이라고도 할 수 있다. 가령, 2015년 정밀조사 당시, 동도에서 조사된 소나무무당벌레(*Harmonia yedoensis*)는 진딧물을 먹고 살며, 봄철 소나무 주위에서 생활하다가 차츰 다른 장소로 이동하여 주로 침엽수림에 서식하는데 이 종이 침엽수림이 없는 독도에서 조사되었다. 아울러 첫 발견 이후 더 이상 관찰되지 않기 때문에 독도에 물자수송이 이루어지는 과정에서 유입되었을 것으로 추측하고 있다.

2011년 독도 야간등화채집 때 처음으로 확인된 무궁화밤나방(*Thyas juno*)도 이후 관찰되지 않고 있는 종이다. 무궁화밤나방은 5~8월에 성충이 출현하고 보통 배, 복숭아, 사과 등 과수의 과즙을 먹어 과수원에 피해를 입히기도 하며, 날개를 접었을 때는 회갈색 바탕에 콩팥 모양의 무늬만 있어 보이지만 뒷날개는 흑색 바탕에 분홍, 청백색 띠가 있어 화려해 보이는 특징을 가지고 있다.

무궁화밤나방 ⓒ 박진영

무궁화밤나방 *Thyas juno*

분류 체계	Arthropoda 절지동물문 > Insecta 곤충강 > Lepidoptera 나비목 > Erebidae 태극나방과 > Thyas > juno 무궁화밤나방
몸길이	41 ~ 45mm
분포	한국, 일본, 중국, 인도네시아, 말레이시아, 네팔, 필리핀, 러시아

작은멋쟁이나비 ⓒ 박진영

작은멋쟁이나비 *Vanessa cardui*

분류 체계	Arthropoda 절지동물문 > Insecta 곤충강 > Lepidoptera 나비목 > Nymphalidae 네발나비과 > Vanessa 멋쟁이나비속 > cardui 작은멋쟁이나비
몸길이	40 ~ 50mm
분포	세계 각지

된장잠자리 *Pantala flavescens*

분류 체계	Arthropoda 절지동물문 > Insecta 곤충강 > Odonata 잠자리목 > Libellulidae 잠자리과 > Pantala 된장잠자리속 > flavescens 된장잠자리
몸길이	37 ~ 42mm
분포	한국, 일본, 중국, 태만, 사할린섬, 쿠릴열도, 미크로네시아

된장잠자리 ⓒ 박진영

작은멋쟁이나비(*Vanessa cardui*)는 독도에서 관찰된 기록이 꾸준히 있으나 태풍 등에 의해 날려 오거나 우연히 확인된 비래곤충으로 이야기되었다. 일부 학자는 독도에서 서식할 것이라고도 하지만, 아직 작은멋쟁이나비의 유충이 독도에서 확인되지 못했다. 전 세계적으로 분포하며 유럽에서는 이 나비들이 무리지어 이동하는 것으로 알려지기도 했다.

독도의 비래곤충으로 빼놓을 수 없는 된장잠자리(*Pantala flavescens*)는 가슴속에 공기를 보관하는 기관이 넓어 장시간 비행에 유리하기 때문에 해양을 건널 수 있을 정도로 이동성이 강하다. 추위에는 약해 알과 유충이 국내에서는 월동하지 못하는 것으로 알려져 있다.

이 외에 독도에서 볼 수 있는 곤충

긴뺨모래거저리(*Gonocephalum coenosum*)_ 특히 독도의 동도에서 자주 관찰되는 대표적인 종이다. 모래가 있는 하천 등에서 주로 발견되며, 독도에서는 돌 밑에 집단으로 모여 있는 모습이 확인되기도 한다.

참소리쟁이애좁쌀바구미(*Rhinoncus jakovlevi*)_ 2015년 독도에서는 처음 관찰된 종으로, 3mm 크기의 매우 작은 바구미다. 소리쟁이류의 줄기가 갈라지는 곳에 주로 알을 낳고 유충은 줄기 속에서 생활한다. 독도에는 소리쟁이류가 서식하고 있어 여기에서 소루쟁이진딧물과 함께 관찰되는데, 크기가 매우 작아 자세히 들여다보지 않으면 보이지 않는다.

초록좁쌀먼지벌레(*Stenolophus (Egadroma) difficilis*)_ 2012년 독도의 동도에서 처음 확인된 딱정벌레과 곤충이다. 2012년 발견된 이후 지속적으로 확인되지 않고 있어 물자 수송 선박이나 기타 외부인의 방문에 의해 함께 유입되었던 곤충으로 추정된다.

초록좁쌀먼지벌레 ⓒ 박진영

초록좁쌀먼지벌레 *Stenolophus (Egadroma) difficilis*

분류 체계	Arthropoda 절지동물문 > Insecta 곤충강 > Coleoptera 딱정벌레목 > Carabidae 딱정벌레과 > Stenolophus > Egadroma > difficilis 초록좁쌀먼지벌레
몸길이	10 ~ 15mm
분포	한국, 중국, 동아시아

긴뺨모래거저리 *Gonocephalum coenosum*

분류 체계	Arthropoda 절지동물문 > Insecta 곤충강 > Coleoptera 딱정벌레목 > Tenebrionidae 거저리과 > Gonocephalum 모래거저리속 > coenosum 긴뺨모래거저리
몸길이	7 ~ 9.5mm
분포	한국, 중국, 일본, 대만

긴뺨모래거저리 ⓒ 박진영

지속적인 관찰과 연구

앞서 자세히 알아보았듯이 독도에 서식하는 식물을 먹는 애남생이잎벌레, 검정배줄벼룩잎벌레(*Psylliodes (Psylliodes) punctifrons*), 긴발벼룩잎벌레(*Longitarsus (Longitarsus) succineus*), 참소리쟁이애좁쌀바구미 등의 초식소비자 다른 곤충들을 잡아먹는 등빨간먼지벌레(*Dolichus halensis halensis*), 애먼지벌레(*Anisodactylus (Anisodactylus) tricuspidatus*), 무당벌레(*Harmonia axyridis*) 등의 1, 2차 소비자 곤충들은 그들의 역할에 충실하면서 더 큰 동물의 먹이가 되기도 한다. 그리고 반날개, 수시렁이 종류의 곤충은 사체를 처리해 주는 역할을 한다. 이처럼 독도에는 눈에 잘 띄지는 않지만 묵묵히 독도를 지켜 내고 생태계를 유지시켜 주는 곤충들이 있다.

그런데 2005년부터 독도는 출입 제한이 해제되어 점차 관광객 수가 증가하고 등대, 독도경비대, 서도 어민숙소 등에 필요한 물자 수송을 위해 외부 노출이 많아지면서 다양한 곤충들이 독도로 유입되고 있다. 때문에 우리는 앞으로 외부에서 유입되는 종들 중 혹시 독도의 생태계에 위협적 존재가 되는 것은 없는지 지속적으로 관찰하고 연구해야 한다. 독도는 우리가 끝없이 관심을 가지고 지켜야 할 우리의 땅이기 때문이다.

담력, 추진력, 인내력이 필요했던
독도 곤충 연구 에피소드

EP. #1 비위가 강한 당신은 독도의 곤충 연구자

독도의 곤충은 독도에 서식하는 종보다 잠시 스쳐가는 종(비래곤충)들이 많다. 또 독도는 대부분의 식물이 열매를 맺지 않기 때문에 식물의 잎이나 줄기를 먹으며 줄기 속에 살아가는 곤충이나 다른 곤충에 기생하는 곤충이 많다. 특히 동물의 사체나 똥을 치워 주는 수시렁이류, 파리류가 많기 때문에 조사원들은 독도에 가면 가장 먼저 괭이갈매기나 바다제비의 사체를 찾는다. 죽은 조류를 핀셋으로 이리 뒤집고 저리 뒤집으며 썩어가는 다리, 몸통, 눈 사이에서 곤충을 발견하고 채집하는 것이다. 곤충 연구자들의 이런 모습에 함께 간 다른 분야 연구자들은 깜짝 놀라거나 때론 '우욱~~' 입술을 움켜쥐며 자리를 피하는데… 뭐 우리라고 처음부터 그랬겠는가? 그저 곤충을 조사해야 한다는 일념 하나로 곤충의 생활방식에 맞춰 관찰하고 연구할 뿐. 앞으로 어디에선가 쪼그리고 앉아 포유류나 조류의 사체, 똥 무더기를 심각하게 관찰하는 사람을 목격한다면 부디 이상한 사람이라 여기지 마시길…

EP. #1 비, 너만 아니었어도... 아쉬움을 남긴 야간 조사

독도에서 야간에 곤충조사를 해보겠다는 굳은 결심으로 문화재청과 경북도청 등 관련 기관의 허가를 받아 들어간 적이 있다. 동도와 서도에서 주간 조사를 마친 후, 해지기 전 야간 채집을 위해 벼랑 같은 계단을 올라 야간등화채집 장비와 발전기, 스크린 장비까지 설치했다. 여차하면 굴러 떨어져야 하는 위험한 상황을 감수한 끝에 힘겹게 설치 완료! 이제 밤이 되어 어둠이 내려주면 성공인 상황에서 마침 어둠이 깔리기 시작하고 곤충들이 하나둘 불빛을 향해 날아들었다.

당시 독도에서는 보고되지 않았던 '무궁화밤나방'까지 보여 성공적인 야간 채집을 예감한 순간... "후드득~!" 갑자기 소나기가 내리기 시작했다. '아~ 여기까지 어떻게 들고 올라왔는데….' 만감이 교차했지만 비는 쉽게 그칠 기미를 보이지 않았고, 결국 모든 장비를 철수한 채 내려와야 했다. 이렇듯 우리는 아쉽게 야간 채집을 접어야했으나, 함께 갔던 사진작가협회분들은 '유인등 불빛 덕분에 독도에서 나오기 힘든 멋진 야경을 찍었다'며 굉장히 좋아하셨으니... 진정 인생사 새옹지마塞翁之馬아닌가.

국립생태원 **박진영** 특정보호지역조사팀장

곤충 연구를 위해서라면, 모든 에너지를 뿜뿜!

'뿜뿜'은 '뿜어져 나온다'는 뜻을 가진 신조어다. "내 머리부터 뿜뿜, 내 발끝까지 뿜뿜" 이라는 어느 걸그룹의 노래 가사 때문에 더욱 알려졌는데, 이 어감語感에 딱! 어울리는 그녀, 생태조사를 위해서라면 분야를 가리지 않고 모든 에너지를 쏟아 붓는 국립생태원 박진영 팀장이다.

차분한 말투와 온화한 미소에서 느껴지는 정靜적인 첫 인상과 달리, 전문가 수준의 암벽 등반으로 조사에 필수인 체력을 유지한다는 박진영 팀장. 딱정벌레목 특히 유충의 분류 및 행동 습성을 연구하는 그녀는 국립생태원에서 우리나라 보호지역 연구 조사팀의 수장을 맡고 있다.

"아무래도 제가 연구조사팀의 책임자 역할이다 보니까 새로운 곤충을 발견했을 때뿐만 아니라, 다른 분류군특히 해조류에서 신종이 발견될 수 있도록 겨울철 조사가 무사히 수행되었을 때 더 큰 보람을 느꼈습니다."

실제로 박진영 팀장은 다른 조사자들이 망설이는 절벽에 올라가면서까지 다른 분류군 조사에 도움을 주었다고. 이렇게 모든 에너지와 열정을 담아 조사에 임하는 그녀에게 가장 힘들었던 순간은 언제였을까?

"조사자에게 가장 힘든 순간은 조사를 못할 때입니다. 독도까지 갔는데 갑자기 날씨 때문에 돌아와야 할 때, 장비를 전부 설치했는데 비가 와서 철수해야할 때... 이런 순간들이 정말 힘들죠."

그럼에도 불구하고 최신 장비를 이용하여 좀 더 세밀하게 관찰, 정보를 수집하고 독도의 생물다양성 지도를 제작하여 국민들이 한눈에 독도의 생물다양성을 알 수 있도록 하고자 2020년 독도 조사를 계획하고 있다는 그녀. 마지막으로 독도 때문에 인연이 된 분들에게 전하고 싶은 이야기가 있다고.

"우리의 안전을 책임져 주셨던 포세이돈의 선장님, 힘든 겨울 조사를 함께 해주셨던 김용기 박사님, 허가를 위해 신속한 도움을 주셨던 대구지방청과 문화재청 직원 분들, 함께 했던 조사원들, 조사의 애로사항을 이해해주셨던 환경부 김종철 사무관님 등 많은 분들께 이 지면을 빌어 진심으로 감사드립니다."

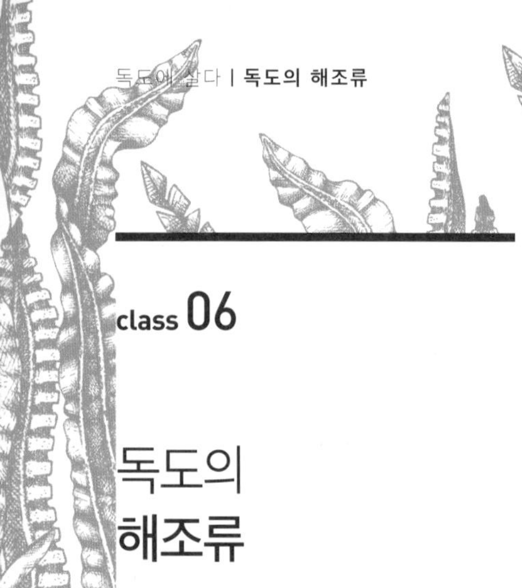

class 06

독도의
해조류

독도 인근 해역은 남쪽으로부터 북상하는 쿠로시오 난류와 북쪽으로부터 남하하는 리만 한류의 영향을 받는 독특한 해양환경으로, 남방계와 북방계 생물이 온대계 생물과 공존하는 특성을 보인다. 또한 해수의 투명도가 높고 인위적 영향이 적어 다양한 해양생물이 서식할 수 있는 자연의 보고寶庫로 인식된다. 최근 연구에서도 독도 주변의 해조류 다양성은 육지와 다르게 계속 유지되고 있다는 사실을 확인하였다.

바다식물, 해조류

해조류海藻類, marine algae는 한마디로 바다식물이다. 바다에 사는 식물 중 꽃을 피우지 않고 포자로만 번식하는 해조류는 육상에서 자라는 식물처럼 빛을 이용하여 광합성을 하지만 뿌리, 줄기, 잎 등은 뚜렷이 구별되지 않는다. 이들의 몸에는 뿌리로 흡수한 물이나 영양을 잎으로 보내는 물관, 광합성 작용으로 만들어진 생산물을 저장소로 옮기는 체관 같은 조직이 없다. 해조류의 뿌리처럼 보이는 부분은 몸체를 다른 생물이나 바위에 부착시키는 역할만 하기 때문에 뿌리와 구별하여 부착기holdfast라 부른다. 예를 들어 미역이나 다시마의 경우 줄기가 있는 것처럼 보이지만, 이것은 다세포의 군집일 뿐 줄기나 잎의 분화된 기능을 하는 기관은 없다. 때문에 해조류는 뿌리 대신 몸 전체로 영양분을 흡수한다.

거센 파도에 몸을 맡겨 유연하게 움직이는 해조류는 색깔에 따라 녹조류green algae, 갈조류brown algae, 홍조류red algae로 구분된다. 모든 해조류는 육상식물처럼 녹색의 '엽록소 a'를 가지고 있으나 갈조류는 보조 색소로 갈색이 많고, 홍조류는 붉은 색소가 많아 각기 다른 색깔을 띠게 되는 것이다. 보통 수심이 얕은 곳에서는 녹조류를 많이 볼 수 있고 수심이 깊어질수록 갈조류와 홍조류가 많이 나타난다.

대황 ⓒ 김영식

대황 *Ecklonia bicyclis*

분류 체계	Ochrophyta 대롱편모조식물문 > Phaeophyceae 갈조강 > Laminariales 다시마목 > Lessoniaceae 감태과 > Eckonia 감태속 > bicyclis 대황
크기	1 ~ 2m
분포	한국, 일본
관찰 지역	수심 10m 내외

웅장한 바다숲을 이루는 대황

육상생태계의 중요 구성 요소 중 하나인 숲은 인간에게 여러 가지 유익을 준다. 경제적 기능은 물론 산소를 공급하고, 산사태를 막아 주며, 저수지 역할을 하고, 쾌적한 삶을 누리게 하는 문화적 기능까지 담당한다. 그런데 이런 숲은 바다에도 존재한다. 해조류가 집단으로 자생하는 것을 바다숲이라 하는데 바닷속 식물들은 광합성으로 영양분을 만들고, 각종 어패류 등의 산란장과 서식처가 된다. 또한 작은 생물들이 은신할 수 있는 안전한 생육장이 되며 조식성 어류, 연체동물, 극피동물의 훌륭한 먹잇감이 된다.

독도에서 이런 바다숲을 이루는 것은 바로 대황(*Ecklonia bicyslis*)이다. 갈조류인 대황은 다시마목Laminariales 감태과Lessoniaceae에 속하는 다년생 해조로 우리나라 본토 연안에서는 쉽게 볼 수 없고 주로 울릉도와 독도의 조하대에서 확인할 수 있으며, 세계적으로는 일본의 중남부 해안에서만 부분적으로 발견되는 매우 희귀한 해조류다.

이렇게 서식 해역이 매우 제한되어 있는 대황은 우리에게 친숙하지 않지만 독도를 상징하는 대표적인 해조류다. 대황은 수심이 깊지 않은 곳에 위치하지만, 수심이 깊은 곳에서 살아가는 감태와 함께 웅장한 바다숲을 이룬다.

대황은 바위에 단단하게 부착할 수 있는 부착기, 강한 파도에 견딜 수 있는 줄기와 가죽질의 엽상체[1] 세 부분으로 뚜렷하게 분화되어 있으며 색깔은 황갈색을 띤다. 보통 가을에서 봄까지 짧은 줄기에서 넓적한 잎사귀 모양의 어린 대황이 나오며 1년 정도 자라면 몸의 약 1/3은 줄기가 되고 나머지는 길쭉한 엽상체가 된다. 몸이 성장함에 따라 부착기의 끝은 여러 갈래로 갈라지고 굵어지면서 바위에 더욱 단단하게 붙는다. 엽상체 가장자리는 드문드문 톱니 모양으로 변하고, 양쪽 가장자리에서는 새로운 잎을 마주 내어 어렸을 때의 매끈한 잎사귀와 완전히 다른 모양으로 변한다.

어린 대황은 감태와 모양이 비슷하지만 1년 정도 지나면 구분이 가능하다. 이는 줄기에서 엽상부가 분기되는 지점이 두 갈래로 나뉘는 대황과 달리 감태의 엽상부는 하나의 타원형에서 여러 개로 찢어진 작은 가지를 나타내기 때문이다. 2년이 지나고 가을을 맞으면 잎의 양면에는 반점이 생기고 거기에서 유주자zoospore[2]가 방출되며 그 후 엽상체는 소실되고 다시 줄기의 양쪽 끝에서 엽상체를 반복해서 내고 4~5년 동안 자란 뒤 소실된다.

---

1 몸 전체가 잎처럼 생기고 평평하며, 잎과 같은 일을 하는 기관을 말한다. 주로 김, 미역 등의 조류, 균류, 기타 하등생물이 이러한 기관을 갖는다.

2 무성생식을 하는 포자 중에 편모가 있어서 물속을 유영할 수 있는 것.

독도 바다숲을 이루는 또 다른 해조류

감태(*Ecklonia cava*)_ 여러해살이 해조류로 우리나라 제주도 일대 및 일부 남해안, 동해안 등에 분포한다. 부착기는 육상식물의 뿌리와 유사한 형태이며, 줄기는 원주상으로 어릴 때에는 속이 꽉 차 있으나 나중에는 가운데가 빈다. 편평한 형태의 줄기는 양측에서 우상엽이 나고 여기서 다시 우상의 소엽편을 낸다.

감태 *Ecklonia cava*

분류 체계	Ochrophyta 대롱편모조식물문 > Phaeophyceae 갈조강 > Laminariales 다시마목 > Lessoniaceae 감태과 > Ecklonia 감태속 > cava 감태
크기	1 ~ 2m
분포	한국, 중국, 일본, 대만
관찰 지역	수심 5 ~ 10m 내외

감태 ⓒ 김영식

미역 ⓒ 김영식

미역 *Undaria pinnatifida*

분류 체계	Ochrophyta 대롱편모조식물문 > Phaeophyceae 갈조강 > Laminariales 다시마목 > Alariaceae 나래미역과 > Undaria 미역속 > pinnatifida 미역
크기	1 ~ 2m
분포	한국, 일본
관찰 지역	저조선 아래

미역(*Undaria pinnatifida*)_ 우리나라 전 해안에 분포하는 미역은 나무 뿌리 형태의 부착기 위로 줄기가 나며 성숙하면 줄기에 미역귀^{포자엽}가 형성된다. 일년생이지만 일년 내내 바다에서 볼 수 있는 것이 아니라, 대체로 가을에서 겨울 동안 포자체^{胞子體: 무성세대}를 육안으로 볼 수 있다. 반면 봄부터 초여름까지는 유주자^{游走子: 무성포자}를 내어서 번식하고, 유주자는 곧 발아하여 현미경적인 배우체^{配偶體: 유성세대}가 되어 여름을 나기 때문에 이 기간에는 육안으로 불 수 없다.

톱니모자반(*Sargassum serratifolium*)_ 톱니모자반의 부착기는 원뿔상이고, 줄기는 원주상으로 짧으며 다수의 중심 가지로 갈라진다. 엽체 하부 잎은 넓고 상부 잎은 피침형이며 가장자리에 톱니가 있다. 공기를 가지고 있는 기낭은 둥근 모양에 가깝고 그 꼭대기에 관엽^{冠葉}이나 가시 모양의 돌기가 있으며 생식기 가지는 납작한 주걱 모양이다. 우리나라에 분포하는 모자반 속 종류는 20여 종이 넘는데 이 중 많은 종류가 조하대에서 바다숲을 구성하고 있다.

톱니모자반 ⓒ 김영식

톱니모자반 *Sargassum serratifolium*

분류 체계	Ochrophyta 대롱편모조식물문 > Phaeophyceae 갈조강 > Fuclles 말목 > Sargassaceae 모자반과 > Sargassum 모자반속 > serratifolium 톱니모자반
크기	1 ~ 4m
분포	한국, 중국, 일본, 필리핀, 호주
관찰 지역	조간대 ~ 조하대

옥덩굴(*Caulerpa okamurae*)_ 엽체는 가는 원주형의 기는 가지를 가지고 그 아래쪽에서 분지하는 사상근을 내어 암반에 착생한다. 기는 가지에서 곧게 서는 가지가 나오며 직립 가지에서는 각 방면으로 혹이나 약간 길쭉한 알 모양의 작은 가지가 밀생하여 난다. 보통 엽체는 청록색이지만 노성한 것은 황갈색을 나타내기도 한다. 독특한 모습 때문에 외국에서는 '바다 포도sea grapes'라 불린다.

청각(*Codium fragile*)_ 짙은 녹색의 사슴 뿔 모양 엽체는 두 갈래로 갈라지듯 가지를 내며 전체적으로는 부채꼴 모양을 갖는다. 현미경으로 보면 포낭utricle은 곤봉형으로 생겼고 내부에는 무색 투명한 실같은 조직이 불규칙하게 엉켜 있다. 우리나라에 분포하는 청각속 종류는 20종인데, 그 중 가장 쉽게 발견되는 종이다.

옥덩굴 *Caulerpa okamurae*

분류 체계	Chlorophyta 녹조식물문 > Ulvophyceae 갈파래강 > Bryopsidales 깃털말목 > Caulerpaceae 옥덩굴과 > Caulerpa 옥덩굴속 > okamurae 옥덩굴
크기	10 ~ 15cm
분포	한국, 중국, 일본, 호주
관찰 지역	조간대 ~ 조하대

옥덩굴 ⓒ 김영식

청각 ⓒ 김영식

청각 *Codium fragile*

분류 체계	Chlorophyta 녹조식물문 > Ulvophyceae 갈파래강 > Bryopsidales 깃털말목 > Codiaceae 청각과 > Codium 청각속 > fragile 청각
크기	10 ~ 30cm
분포	전 세계 연안
관찰 지역	파도가 적은 내만의 조간대와 수심이 깊은 조하대의 바위 위

참국수나물(*Nemalion vermiculare*)_ 봄과 여름 우리나라 전 연안에 분포하며
독도의 조간대에도 널리 분포한다. 원반상의 부착기에서부터 자라는데 몸은 구
불구불한 지렁이 모양으로 가지를 드물게 낸다. 엽체는 짙은 자줏빛을 띠지만 다
자라면 약간 노란색으로 변하기도 한다.

흑돌잎(*Lithophyllum okamurae*)_ 우리나라 전 연안에 분포하는 흑돌잎의 엽
체는 각상형으로 작은 돌이나 다른 고형물에 붙어서 자란다. 표면에 혹 모양의 돌
기가 방사상으로 나며 지름은 3~5mm이다. 석회질로 덮여 있는 몸은 분홍색이나
붉은색을 띠며 바닷속에서는 암반과 한 몸이 된 듯해 해조류로 인식하지 못하는
경우가 많다.

참국수나물 © 김영식

혹돌잎 ⓒ 김영식

혹돌잎 *Lithophyllum okamurae*

분류 체계	Rhodophyta 홍조식물문 > Florideophyceae 진정홍조강 > Corallinales 산호말목 > Corallinaceae 산호말과 > Lithophyllum 혹돌잎속 > okamurae 혹돌잎
크기	두께 1cm 내외
분포	아시아, 태평양 섬
관찰 지역	조하대

참국수나물 *Nemalion vermiculare*

분류 체계	Rhodophyta 홍조식물문 > Florideophyceae 진정홍조강 > Nemaliales 국수나물목 > Liagoraceae 분홍국수나물과 > Nemalion 국수나물속 > vermiculare 참국수나물
크기	10 ~ 20cm
분포	한국, 일본, 러시아
관찰 지역	조간대의 바위 위

가시우무 ⓒ 김영식

가시우무 *Hypnea asiatica*

분류 체계	Rhodophyta 홍조식물문 > Florideophyceae 진정홍조강 > Gigartinales 돌가사리목 > Cystocloinaceae 가시우무과 > Hypnea 가시우무속 > asiatica 가시우무
크기	10 ~ 20cm
분포	한국, 일본, 대만
관찰 지역	조간대 하부 ~ 조하대

두갈래사슬풀 *Champia bifida*

분류 체계	Rhodophyta 홍조식물문 > Florideophyceae 진정홍조강 > Rhodymeniales 분홍치목 > Champiaceae 사슬풀과 > Champia 사슬풀속 > bifida 두갈래사슬풀
크기	3 ~ 8cm
분포	한국, 일본
관찰 지역	조하대

두갈래사슬풀 ⓒ 김영식

가시우무(*Hypnea asiatica*)_ 봄과 여름 우리나라 남해안과 동해안 등에 분포한다. 엽체는 붉은색이지만 파란 빛을 띤 녹색 등 변화가 많으며 암반이나 다른 해조류에 착생하여 자란다. 원주상의 주지에서는 가시 모양의 작은 가지를 매우 촘촘하게 다양한 방면으로 내며, 몸은 가지가 엉켜서 큰 덩어리를 이루기도 한다. 큰 가지는 어긋나기로 직각에 가깝게 분지하며, 상부의 가지는 하부보다 짧고 넓게 벌어져 원반형의 부착기로 서로 엉켜서 큰 덩어리를 이룬다.

두갈래사슬풀(*Champia bifida*)_ 엽체는 붉은색이나 자홍색으로 조금 납작한 원기둥 모양이며, 양쪽 가장자리에서 어긋나기로 가지를 내고 끝은 뾰족한 모습이다. 수중에서는 파란색이나 형광 녹색 빛을 내며, 조하대의 암반이나 다른 해조류에 붙어 자란다.

건강할 때 지켜야 하는 독도의 바다숲

독도의 해조류는 처음 보고된 후 2015년부터 2016년 1월까지 계절별로 독도의 다양한 정점에서 스쿠버 다이빙을 통해 조사한 결과 총 32목 57과 230종이 확인되었다. 분류군 별로는 녹조류 30종, 갈조류 53종, 홍조류 147종으로 홍조류가 전체 해조류 출현 종의 약 64%를 차지하며 가장 높은 비율을 보였다. 또한 모든 조사 정점에서 대황, 감태, 미역, 모자반류와 같은 대형 갈조류들이 군락을 이루고 있었다.

국립생태원 조사에서 보고된 해조류 230종은 2014년까지 보고된 42~160종에 비해 크게 증가한 것이다. 특히 과거 11~90종으로 확인되었던 홍조류는 147종으로 조사되어 그 증가 폭이 매우 컸다. 우리나라 연중 해조류 출현 종수가 제주도 일부 해역을 제외하고는 대부분 200종 미만임을 감안할 때, 사계절 조사 기간 동안 해조류 230종의 생육이 확인되었다는 사실은 독도 해조류 다양성이 지금까지는 계속 유지되고 있다는 증거로 볼 수 있다. 이는 독도 인근 해역의 투명도가 높고 다른 지역에 비해 인위적 영향이 적어 보다 안정적인 생태계를 이루고 있기 때문일 것이다. 그러나 상황은 언제든 변할 수 있다. 현재는 해조류 다양성이 풍부하지만 독도에 입도하는 사람이 늘어남에 따라 환경적 교란이 발생할 수도 있다.

독도 인근 해역을 조사할 당시 해양 폐기물이 대량 발견되지는 않았지만 폐어구와 같은 소형 폐기물은 일부 해역에서 관찰되었다. 또한 조사 당시 일부 성게와 고둥처럼 해조류를 먹는 조식동물이 다른 정점에 비해 높은 비율로 서식하는 곳도 있었다. 실제로 최근 성게와 석회조류가 독도 인근 해역의 바다사막화를 가속화하고 있다는 판단 하에 해양수산부와 해양환경공단은 성게 4.8t을 집중적으로 제거하고 갯녹음 해역 2.2ha에서 갯닦기를 시행했다. 아울러 성게의 천적인 돌돔 치어 1만 마리를 독도 해역에 방류했다.

울창한 숲이 모두 타버리면 이전 상태로 돌아가기 위해 수십 년 이상의 시간이 필요하다. 더구나 산불로 사라진 것은 나무만이 아니다. 나무를 중심으로 생활하던 동물, 식물, 미생물까지 사라지는 것이다. 해양생태계도 마찬가지다. 해조류가 사라지면 주변의 다양한 생물들이 영향을 받아 점차 줄어들고 결국 모두 사라질 수도 있다. 한 번 파괴된 생태계를 다시 본래의 건강한 생태계로 돌아오게 하기 위해서는 엄청난 시간과 노력이 필요하다. 그러므로 독도의 바다숲이 건강하게 유지되고 있을 때 잘 보존해야 할 것이다.

군산대학교 해양생물공학과 **김영식 교수**

해조류가 펼치는 절경을 보다

"주인이라면 반드시 보호한다"

영국의 세계적인 탐험가 로버스 스완의 말이다. 자연환경을 헤치지 않는 방법으로 세계를 탐험하는 그가 자연 보호에 관심 집중할 것을 강조한 말이다. 독도 해조류 조사를 담당한 김영식 교수 역시 같은 생각이다. 특히 독도 인근 해역은 해양생태계의 건강함이 유지되도록 지속적인 관심이 반드시 필요하다고 말한다.

Q *현재 군산대학교 해양생물공학과 교수로 재직하고 계신데, 다양한 해양 생물 중에서 해조류와의 인연은 어떻게 시작되셨는지 궁금합니다.*

A 사실 학부생 시절에는 해조류에 대해 구체적으로 공부하지 못했습니다. 그런데 대학원에 진학해서 지도교수님의 권유로 해조류와의 인연이 시작 됐어요. 지금은 군산대학교 해양생물공학과에서 해조류 분류, 생태, 해조류 양식과 관련된 과목을 강의하면서 꾸준히 연구하고 있고요.

Q *국립생태원 조사 외에 독도 생태를 조사한 경험이 있으신지요. 만약 있으시다면, 가장 기억에 남는 독도 조사는 어떤 것인가요?*

A 십 수 년 동안 무인도 조사를 계속 해왔고, 국립생태원 조사 이전에 수중과학회의 독도 생태계 조사에도 참여한 적이 있습니다. 그래도 가장 기억에 남는 조사를 꼽으라면 국립생태원 독도 정밀 조사입니다. 다른 조사들은 여름에 진행한 것 뿐이었었는데, 국립생태원 독도 조사는 사계절을 전부 조사할 수 있었거든요.

Q *직접 조사한 독도의 해조류는 어떤 특징을 가지고 있는지요.*

A 울릉도와 독도 인근에만 출현하는 대형 갈조류 대황을 제외하고, 독도에만 특별히 나타나는 해조류는 없었습니다. 하지만 독도는 육지 인근의 섬에 비해 많은 해조류가 출현하는 특징을 보입니다. 이것은 해조류 다양성을 저하시키는 환경오염, 암석의 미발달, 불투명한 수질, 동종 해조류 생육같은 부정적 요소들이 거의 없기 때문이죠.

Q *독도 생태 조사는 힘든 상황들이 많은데요, 특히 해조류는 바닷속에 들어가야 하기 때문에 더욱 어려웠을 것같습니다. 실제 상황은 어땠는지요?*

A 바닷속에 들어가야 하는 무척추동물과 해조류 조사는 여러 제약이 많습니다. 조사자의 안전이 우선이기 때문에 날씨가 중요하고, 자연히 조사 장소에 대한 선택의 폭도 좁습니다. 또 공기탱크의 사용 시간에 맞춰 바닷속에 머무를 수 있는 시간도 정해져 있지요. 이런 여건상 하루에 수행 가능한 조사 횟수가 제한적일 수밖에 없다는 점이 가장 힘들었습니다.

Q *그럼에도 불구하고 독도 해조류 조사에 대해 보람을 느끼셨다면 어떤 부분일까요?*

A 기존의 연간 독도 해조류 출현 종수를 비교해보면 이번 조사에서 가장 많은 종수를 기록했습니다. 물론 앞선 조사들은 계절적으로 거의 동일한 정점定點에서 조사했고 이번에는 계절마다 다른 정점에서 수행했기 때문에 비교가 적절치는 않습니다. 그래도 지금까지 조사가 많이 수행되지 않았던 정점에서 독도에 서식하는 해조류의 출현 종 목록을 추가했다는 것은 굉장히 의미 있는 일입니다. 이런 조사가 차후 독도 해조류 변화상을 연구할 때 귀중한 자료로 활용될 수 있다는 점에서 보람도 느끼고요.

Q *마지막으로 독도 해조류에 대해 어떤 연구가 더 필요하다고 생각하시는지 여쭙고 싶습니다.*

A 어떤 특정한 정점, 예를 들어 독도 방문 여행객들이 내리는 선착장 주변이나 갯녹음 현상이 예상되는 정점을 정기적으로 모니터링하는 조사가 꼭 필요하다고 생각합니다. 환경의 변화를 체크해서 아직은 건강한 독도 해조류의 다양성을 보호하는 것이 중요하기 때문입니다.

군산대학교 해양생물공학과 **김영식 교수**

1997년부터 군산대학교 해양생물공학과 교수로 재직하고 있으며, 전국 무인도 조사와 특정도서 조사 등을 수행했다. 저서로는 『해조류의 질병』, 『국립공원 해양식물도감』, 『고등학교 수산생물』 등이 있다.

class 07

독도의
무척추동물

독도는 작은 섬이라 많은 생물을 품기가 어려워 보이지만, 독도의 바닷속은 결코 작지 않다. 독도 전체 면적은 18만 7,554㎡, 높이는 약 170m이지만 수면 아래로는 깊이 2,000m, 바닥의 폭이 약 30km에 이르는데다 수심 70~200m에는 지름 11km의 평지가 형성되어 거대한 평정해산(guyot)을 이루기 때문이다. 우리가 아는 독도는 이 위에 솟아난 기생화산체이다. 생성 이후 지금까지 대략 200만 년이 흘렀으니 그동안 수많은 종들이 독도에서 살다 갔을 것이다.

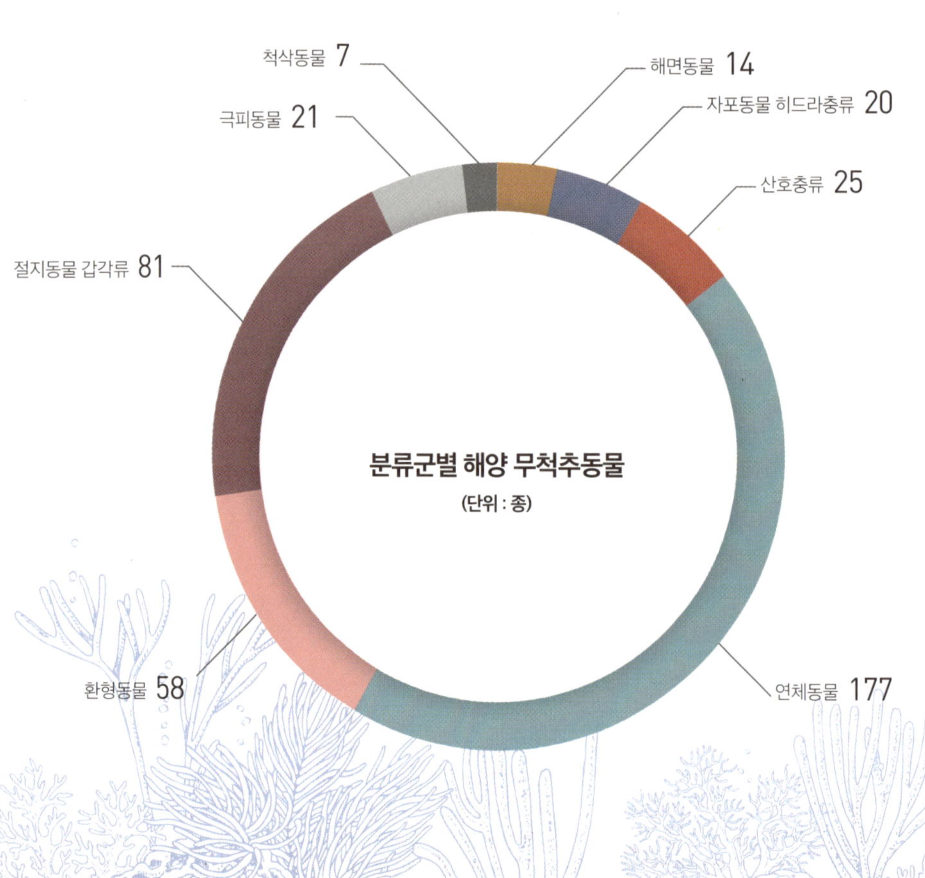

독도 해양 무척추동물의 종 다양성

독도의 해양 무척추동물은 1960년 바위게(*Pachygrapsus crassipes*)와 얼룩참집게(*Pagurus similis*)가 보고된 후 많은 종이 기록되어 왔다. 2014년 해양환경관리공단이 실시한 '울릉도 MPA 지정을 위한 조사'에 따르면 총 413종의 무척추동물이 서식하는 것으로 보고되었다.

이 중에 중복 기록이나 미확인 목록이 포함된 것을 감안하면 대략 400종 이상으로 추정된다. 그런데 여기에는 소형 갑각류나 모래 속에 사는 중형동물군^{Meiofauna}들이 포함되지 않았으니 독도에 얼마나 많은 종류의 무척추동물이 살고 있는지 짐작할 수 있다.

무척추동물은 암반의 모양이나 수심에 따라 스스로 살 곳을 정한다. 이렇게 생물들이 스스로에게 적합한 곳에 터를 마련하다 보면 대상 분포^{Zonation}가 나타나고 서로 터 싸움을 하게 되는데 여기에는 보다 복잡 다양한 무작위적, 비의도적 협력관계가 존재한다. 예를 들어 독도 암반에서 자주 눈에 띄는 태생굴(*Ostrea circumpicta*)은 표면이 단단하여 해면, 태형동물, 곤봉산호류 등 다른 무척추동물들이 달라붙고, 암벽 부착 부위나 껍질에는 애기돌맛조개(*Leiosolenus lischkei*), 햇빛굴아재비(*Chama japonica*)가 파고들거나 붙어산다. 또 태생굴에 붙은 해면의 부착 부위에는 털부채게(*Gaillardiellus orientalis*)가 숨어 있고, 어쩌다 태형동물의 일종인 유연막이끼벌레(*Membranipora perfragilis*)가 있기라도 하면 새우붙이(*Galathea orientalis*), 애기털보부채게(*Pilumnus minutus*) 같은 은거형 갑각류가 아파트 입주민처럼 칸마다 들어 있다. 또 해면과 태생굴의 표면에는 무수히 많은 테히드라류(*Sertularella* sp.), 흰수염이끼벌레(*Crisia eburneodenticulata*) 등이 붙어 있으니 결국 이런 복잡한 관계는 암반이 가진 기본 표면적 외에 더 많은 생물들이 살아갈 표면적을 제공하여 높은 생물다양성을 갖게 된다. 독도에서 우세한 무척추동물 분포 패턴과 특징을 보면 그 생태계가 얼마나 건강한 지 짐작할 수 있다.

홍합 ⓒ 김사홍

독도의 대표 무척추동물

독도를 대표하는 무척추동물에는 홍합·태생굴·검은테군소 등과 같은 연체동물,
부채뿔산호·바다맨드라미류·보석말미잘과 같은 산호충류, 큰산호붙이히드라·
말미잘후카우라히드라와 같은 히드라류, 빛꽃갯지렁이와 같은 환형동물, 문어다
리불가사리·아펠불가사리와 같은 극피동물, 큰빨강따개비·거북손과 같은 절지
동물 등이 있다.

최근 보고에 따르면 독도의 대표 지점인 큰가제바위, 독립문바위, 서도 앞 암초
등에 나타나는 무척추동물의 평균 밀도는 675개체/㎡, 평균 생체량은 3,613g/㎡
로 울릉도1,358개체/㎡, 8,264g/㎡와 비교하면 낮지만 제주도 문섬98.8개체/㎡, 3,776g/㎡과
비교해도 손색이 없고, 동해의 울진지역 수중 암반생태계 보다는 훨씬 높다.

홍합 *Mytilus coruscus*

분류 체계	Mollusca 연체동물문 > Bivalvia 이매패강 > Mytiloida 홍합목 > Mytilidae 홍합과 > Mytilus 홍합속 > coruscus 홍합
크기	길이 15 ~ 20cm / 폭 5 ~ 8cm
분포	한국, 일본, 중국, 캄차카 반도, 알래스카
관찰 지역	수심 5 ~ 20m

독도를 대표하는 홍합

울릉도에 버금갈 만큼 독도에도 홍합(*Mytilus coruscus*)이 대규모 군락을 이룬다. 홍합은 '살이 붉은 조개'라는 뜻으로, 패각은 검고 내면은 진주 광택을 띠며 큰것은 최대 20cm까지 자란다. 우리나라 삼면바다에 모두 분포하고 제주도 남부에서도 일부 발견되는데, 보통 서해나 남해안 것들보다 울릉도나 독도의 것들이 두배 이상 크다. 홍합의 암컷은 속이 붉고, 수컷은 속이 미색인데 이것은 생식소의 색깔 차이 때문이며 대부분 붉은색 홍합이 더 맛있다고 한다. 가끔 변이개체가 있어서 동해담치(*Crenomytilus grayanus*)와 혼동하는 경우가 있으나 지금은 동해담치가 발견되지 않는다.

큰빨강따개비와 말미잘후카우라히드라

독도 3~10m 수심에는 큰빨강따개비(*Megabalanus volcano*)가 덩어리를 이루며 암반이나 홍합 껍질에 붙어 있다. 이들의 크기는 2~3cm 정도인데 빈 껍질 위로도 겹쳐서 붙기 때문에 큰 덩어리를 이루며 그 빈틈에 갯가재류(*Gonodactylus* sp.), 세이마뿔딱총새우(*Synalpheus tumidomanus*), 부채게류(*Macromedaeus* sp.) 등이 다양하게 서식한다. 큰빨강따개비의 패각 표면에는 말미잘후카우라히드라(*Fukaurahydra anthoformis*)가 촘촘히 붙어 있는데 우리나라 미기록종으로 처음 보고된 것으로 독도를 대표하는 종 중 하나다. 이름은 히드라지만 외형은 말미잘을 닮아 갯민숭달팽이의 좋은 먹이가 된다.

큰빨강따개비 ⓒ 김사홍

큰빨강따개비 *Megabalanus volcano*

분류 체계	Arthropoda 절지동물문 > Maxillopoda 소악강 > Thoracica 완흉목 > Balanidae 따개비과 > Megabalanus 빨강따개비속 > volcano 큰빨강따개비
크기	높이 3 ~ 5cm
분포	한국, 일본
관찰 지역	수심 5m 내외

말미잘후카우라히드라 *Fukaurahydra anthoformis*

분류 체계	Cnidaria 자포동물문 > Hydrozoa 히드라충강 > Athecatae 민컵히드라충목 > Corymorphidae 의곤봉히드라과 > Fukaurahydra 후카우라히드라속 > anthoformis 말미잘후카우라히드라
크기	길이 약 2cm
분포	한국, 일본
관찰 지역	수면 ~ 수심 20m 이내

말미잘후카우라히드라 ⓒ 김사흥

바다딸기속 ⓒ 김사흥

바다딸기속 *Bellonella* sp.

분류 체계	Cnidaria 자포동물문 > Anthozoa 산호충강 > Alcyonacea 해계두목 > Alcyoniidae 바다맨드라미과 > Bellonella 바다딸기속
크기	5 ~ 10cm
분포	한국, 일본
관찰 지역	수심 20 ~ 25m 내외

바다딸기류와 빛꽃갯지렁이

수심 10~20m 사이에는 부채뿔산호와 바다딸기류(*Bellonella* sp.)가 크게 군락을 이루고 있는데 바다딸기류는 독도를 대표하는 연산호이다. 보통 바다딸기류가 가지를 분지하지 않고 한 개의 손가락 모양 가지만 있는 것에 반해 독도의 바다딸기류는 덩어리지며, 둘 또는 그 이상의 굵고 뭉툭한 덩어리형 가지가 분지된다. 체색은 핑크빛이 도는 붉은색이며 특히 산호 분류에서 중요한 골편의 모양이 서로 다르다.

수심 20~25m 정도에는 평탄한 모래 바닥이 나타나는데 이곳에는 빛꽃갯지렁이(*Chone infundivuliformis*)가 작은 꽃잎처럼 피어 있다가 외부 위협이 감지되면 관 속으로 쏙 들어가 버린다. 그 모습이 마치 카드섹션을 하는 듯하다.

빛꽃갯지렁이 *Chone infundivuliformis*

분류 체계	Annelida 환형동물문 > Polychaeta 다모강 > Sabellida 꽃갯지렁이목 > Sabellidae 꽃갯지렁이과 > Chone 빛꽃갯지렁이속 > infundivuliformis 빛꽃갯지렁이
크기	길이 약 2 ~ 3cm
분포	한국, 일본, 알래스카
관찰 지역	수심 25 ~ 30m

빛꽃갯지렁이 ⓒ 김사홍

거북손 © 김사홍

거북이 발처럼 생긴 거북손

독도의 서도 남서쪽 외곽에는 보찰바위가 있다. 아마 보찰이 많이 붙어서 붙여진
이름일 것이다. 보찰은 거북손(*Pollicipes mitella*)을 가리키는 울릉도 방언이다.
울릉도에도 거북손이 많지만 지금도 울릉도에서는 "독도에 고기 잡으러 가면 보
찰 좀 따오소~"라는 말을 한다. 큰 솥에 물만 붓고 삶아먹는 거북손 병부柄部, 어떤 형
체나 물건의 자루가 되는 부분 안의 연한 살 맛은 달고 쫄깃하다. 거북손도 우리나라 삼면에
분포하며, 크기는 3~4cm 길이고, 촉수를 감싸는 딱딱한 껍질과 병부가 거북이 발
처럼 생겨서 붙여진 이름이다. 독도 수면 근처 암반에 연노랑색으로 빽빽하게 붙
어 있다.

거북손 *Pollicipes mitella*

분류 체계	Arthropoda 절지동물문 > Maxillopoda 소악강 > Thoracica 완흉목 > Scalpellidae 부처손과 > Pollicipes 거북손속 > mitella 거북손
크기	3 ~ 4cm
분포	한국, 인도, 일본, 필리핀, 대만, 홍콩 등
관찰 지역	수면 ~ 수심 5m

독도 바다 속을 수놓는 산호

독도에도 산호가 제법 큰 군락을 이루며 연중 아름다운 꽃을 피운다. 흔히들 산호가 열대지역에만 서식한다고 생각하지만 온대지역은 물론 남극과 북극에도 서식한다. 동해 먼 바다에 위치한 독도와 울릉도는 온대계 산호의 집결지라 해도 과언이 아닌데 이들은 수온이 너무 높거나 낮은 곳에서는 살지 못한다.

독도에는 지금까지 모두 25종의 산호가 보고되었다. 분류군별로는 근생목 2종, 바다맨드라미류 3종, 해양류 7종, 해변말미잘류 7종, 돌산호류 2종, 각산호류 2종, 꽃말미잘류 1종 등으로 구성되며 이 가운데 중복 보고된 종을 정리하면 약 18종이 남는다.

산호는 폴립수에 따라 크게 팔방산호 아강Subclass Octocorallia과 육방산호 아강Subclass Hexacorallia 2개의 무리로 나눈다. 우리가 흔히 부르는 연산호Soft Coral는 바다맨드라미류, 즉 해계두목Order Alcyonacea에 속하는 무리를 가리키며, 이들은 몸에 석회질이나 다른 골격 없이 연한 몸통을 가진다. 해계두海鷄頭란 명칭은 한자에서 보듯 '바다에 사는 닭벼슬처럼 생긴 무리'라는 좀 우스꽝스러운 유래를 갖고 있다. 육상의 콜리플라워나 카네이션, 브로콜리 등의 모습을 상상하면 될 것이다. 돌산호Hard Coral는 석회성 외골격을 갖고 있으며 주로 열대바다에서 크게 산호초를 이루는데 우리나라에는 소수의 종이 대부분 독립적으로 서식한다.

독도의 산호 군집은 전체 무척추동물 중 생체량이 약 4.5%에 불과하지만 서식 밀도는 약 51.4%로 점유율이 높다. 수심별로는 10~20m 범위에서 부채뿔산호와 바다딸기류가 군락을 이루고 있으며, 수심 5~15m 근처에서 보석말미잘이 태생굴이나 따개비 위에 빽빽하게 붙어산다. 또 20~25m 내외의 바닥 주변 암반에는 곧은진총산호(*Euplexaura recta*)와 해송류가 드물게 나타난다.

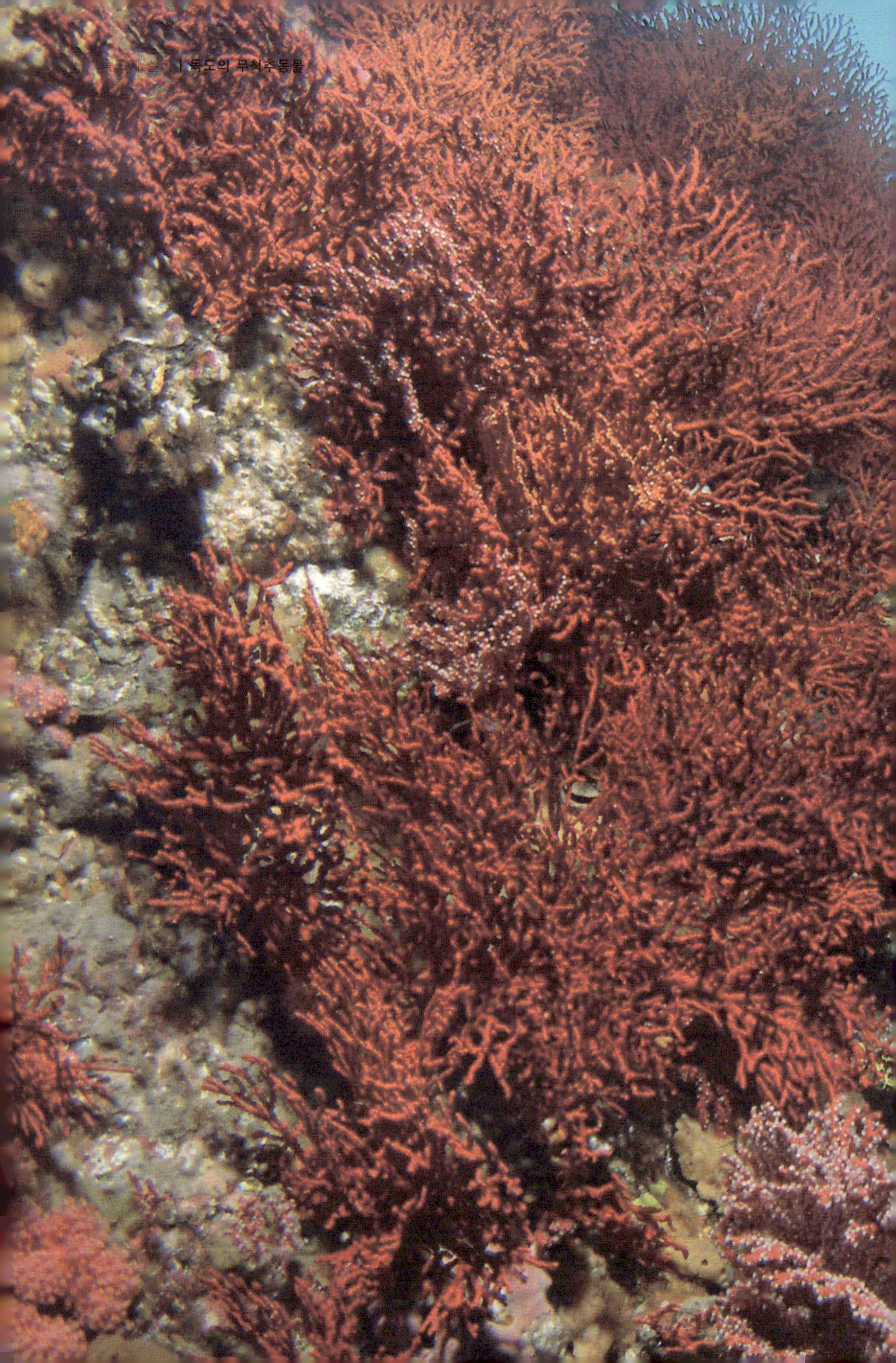
독도에 살다 | 독도의 무척추동물

부채뿔산호 ⓒ 김사홍

주홍토끼고둥이 살고 있는 부채뿔산호

부채뿔산호(*Melithaea japonica*)는 일반적으로 기부에서 수많은 가지들이 분지하여 나뭇가지 모양으로 부채꼴을 이루는데 경우에 따라 평면을 이루지 않고 뭉쳐 있기도 한다. 암반의 수직 경사면에서 주로 군락을 이루지만 간혹 완만한 경사에서도 무리를 이루는 경우가 있다. 바다딸기류와 함께 군락을 이루거나 독립 군락을 이룬다. 부채뿔산호의 가지에는 같은 색으로 위장한 주홍토끼고둥(*Sandalia rhodia*)이 살고 있다.

해송류와 말미잘

독도의 해송류는 긴가지해송(*Myriopathes lata*)과 유사한 해송류(*Antipathes sp.*)가 주로 서식하는데, 둘 다 마치 눈 내린 소나무처럼 고고하게 자라난다. 해송류는 구룡포에서 울릉도 및 왕돌초까지만 분포하는 것으로 확인되었으며, 제주도와 남해안의 해송(*Myriopathes japonica*)이나 긴가지해송과는 생김새만 비슷하다.

말미잘도 엄연히 산호에 속한다. 무수히 많은 산호 폴립 중 하나를 자세히 보면 말미잘을 닮았는데, 수축할 수 있는 몸통과 촉수가 있다는 것이 비슷하다. 독도에는 모두 7종의 말미잘이 알려져 있다. 조간대에는 담황줄말미잘(*Haliplanella lucia*), 갈색꽃해변말미잘(*Anthopleura japonica*) 등이 서식하고, 수중에는 보석말미잘(*Corynactis viridis*)이 대표적이다. 보석말미잘은 남해 동부에서 동해 중부지역까지 분포하는 온대 기후의 대표적 말미잘로 몸통은 진한 살구색이나 붉은 갈색을 띠며 왕관 모양의 폴립은 반투명한 흰색으로 영롱하고 마치 물방울이 수면에 부딪쳐 솟아오른 모양 같다. 몸통의 높이는 보통 5mm를 넘지 않으며 쫙 펴진 폴립은 폭이 10mm 이내인데 수백 개의 말미잘이 무리를 이루며 장관을 연출한다.

부채뿔산호 *Melithaea japonica*

분류 체계	Cnidaria 자포동물문 > Anthozoa 산호충강 > Alcyonacea 해계두목 > Melithaeidae 뿔산호과 > Melithaea 뿔산호속 > japonica
크기	높이 약 30cm
분포	한국, 일본
관찰 지역	수심 10 ~ 20m

부채뿔산호 ⓒ 김사흥

해송류 ⓒ 김사홍

해송류 *Antipathes* sp.

분류 체계	Cnidaria 자포동물문 > Anthozoa 산호충강 > Antipatharia 뿔산호목 > Antipathidae 해송과 > Antipathes 해송속
크기	높이 약 50 ~ 100cm
분포	한국, 미국 (캘리포니아 남부)
관찰 지역	수심 25 ~ 60m

보석말미잘 *Corynactis viridis*

분류 체계	Cnidaria 자포동물문 > Anthozoa 산호충강 > Corallimorpharia > Corallimorphidae > Corynactis > viridis 보석말미잘
크기	약 0.5 ~ 1cm
분포	한국, 일본, 영국, 포르투갈
관찰 지역	수심 10 ~ 15m

보석말미잘 ⓒ 김사홍

그 외 독도의 해양 무척추동물들

큰산호붙이히드라(*Solanderia misakinensis*)_ 작은 나무 모양이며 부채처럼 평면으로 펼쳐져 있다. 줄기는 암갈색이고 폴립은 흰색이며 보통 20cm 내외의 크기다. 우리나라 전 해역에 분포하지만 제주 남부에서는 매우 드물고 독도에서 서식하는 개체가 가장 크다. 주로 무리지어 있지만 독립적으로 발견되기도 하며 폴립은 검정갯민숭달팽이나 눈송이갯민숭이의 먹이가 되고 가지는 산란장으로 이용된다.

검은테군소(*Aplysia parvula*)_ 두부와 측족의 가장자리를 따라 검정색 테두리가 둘러진 검은테군소는 우리나라 전 연안에 분포하는 난류성 종으로 주로 수심 20m 이내의 해조류 군락이 발달한 곳에 서식한다. 수온이 낮은 겨울철부터 봄철까지 발견 빈도가 높으며 주로 늦은 봄에 무리지어 짝짓기를 한다. 다른 군소와 마찬가지로 주변으로부터 공격을 받거나 자극이 있을 때 짙은 보라색 분비물을 배출한다.

아펠불가사리(*Aphelasterias japonica*)_ 수심 10~40m 전후의 암반에서 발견되는 중형 불가사리다. 팔과 몸통 표면에 까칠한 돌기가 덮여 있고 몸통에 비해 팔이 길다. 전체적으로 암갈색이나 적갈색을 띠며 먹이를 섭식할 때는 몸통이 위로 솟구친 모습을 나타낸다. 현재까지 제주도를 제외한 우리나라의 삼면 연안에서 흔하게 볼 수 있으며 굴 양식장에서 조개를 탐식하는 불가사리 중 한 종류다.

큰산호붙이히드라 *Solanderia misakinensis*

분류 체계	Cnidaria 자포동물문 > Hydrozoa 히드라충강 > Athecatae 민컵히드라충목 > Solanderiidae 산호붙이히드라과 > Solanderia 산호붙이히드라속 > misakinensis 큰산호붙이히드라
크기	높이 약 20 ~ 30cm
분포	한국, 일본, 태평양의 열대와 아열대 해역
관찰 지역	수심 5 ~ 20m 암반

큰산호붙이히드라 ⓒ 김사홍

큰산호붙이히드라 © 김사홍

검은테군소 *Aplysia parvula*

분류 체계	Mollusca 연체동물문 > Gastropoda 복족강 > Anaspidea 무순목 > Aplysiidae 군소과 > Aplysia 군소속 > parvula 검은테군소
크기	길이 약 6cm
분포	한국, 일본, 인도양, 호주, 미국 서부 연안, 아프리카 남부 연안, 지중해
관찰 지역	수심 10m 내외

아팰불가사리 *Aphelasterias japonica*

분류 체계	Echinodermata 극피동물문 > Asteroidea 불가사리강 > Forcipulatida 차극목 > Asteriidae 불가사리과 > Aphelasterias 아팰불가사리속 > japonica 아팰불가사리
크기	길이 약 10cm 내외
분포	한국, 일본, 사할린, 타타르해협, 아니바만
관찰 지역	수심 10 ~ 40m 전후

검은테군소 ⓒ 김사홍

아팰불가사리 ⓒ 김사홍

독도 바닷속
무척추동물의 변화상

대표적 해양생물인 플랑크톤은 스스로 유영할 능력이 없기 때문에 해류를 따라 정해진 방향으로 이동한다. 특히 해양 무척추동물은 유생 시기를 거치기 때문에 일생 중 한 시기는 반드시 떠살이를 한다. 동해 먼 바다에 위치한 독도는 지속적으로 북상하는 난류의 영향을 받고, 미약하게나마 냉수의 영향을 받기 때문에 시간이 흐를수록 난류성 생물들이 증가할 것으로 보인다.

독도 해양무척추동물분포형

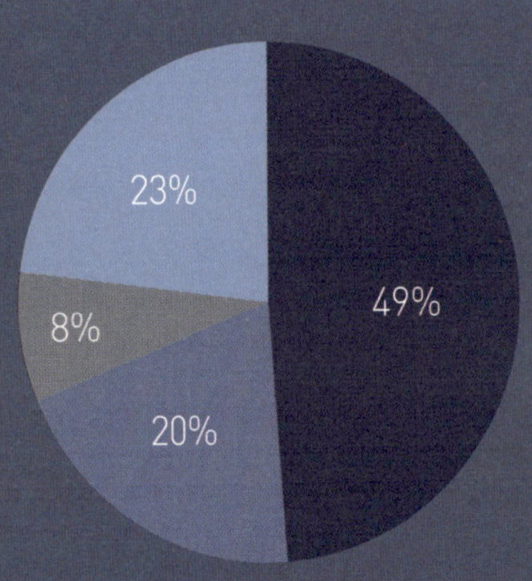

● 온대계 종		49%
● 난류성 종		20%
● 냉수성 종		8%
● 광분포형		23%

독도에서 옮겨 간 종

독도 큰가제바위 수심 2m 내외에 무리지어 서식하는 말미잘후카우라히드라는 우리나라 어느 지역에도 분포하지 않아 독도를 첫 기착지로 보는데, 이것은 한반도 해류를 볼 때 좀처럼 찾아보기 힘든 사례다. 제주도, 가거도 등에서 한두 덩어리 확인된 바 있는 연산호류(*Belonella* sp.) 역시 독도가 대표적 서식처인데 이들은 모두 최근 10~20년 사이 독도에서 울릉도로 건너간 것으로 판단된다. 울릉도에서 이 두 종이 정착한 곳은 모두 죽도 뒤쪽 약 10~30m 수심이다.

연산호류 ⓒ 김사흥

딱총새우류 ⓒ 김사흥

두드러기어리게 ⓒ 김사흥

문어다리불가사리 ⓒ 김사흥

독도에 새로 나타난 종

2014년 울릉도 북쪽 공암에서 많은 개체가 확인되었던 딱총새우류(*Alpheus* sp.)는 최근 독도에서도 발견되었는데, 현재 울릉도와 독도에만 서식하며 과거에 비해 개체 수가 크게 증가하였다. 2014년 조사에서 처음 확인된 부채게과(Xanthidae)도 최근 10년 내에는 없었던 종인데, 이들은 모두 독도에 새롭게 정착한 종으로 판단된다.

독도에서 사라질 종

머지않아 독도에서 사라질 종은 아마도 전형적 냉수성 종인 문어다리불가사리(*Plazaster borealis*), 두드러기어리게(*Oedignathus inermis*)일 것으로 보인다. 문어다리불가사리는 최근 독도에서 주로 겨울에 발견되지만 흔하지 않고, 두드러기어리게도 과거에 비해 개체 수가 적다. 이 종은 예전 제주도에서 보고된 적이 있었으나 지금은 발견되지 않는다. 현재 독도에서 가장 우점하는 종 중 하나인 홍합도 제주도나 남해안 외해도서들에서 서서히 자연 상태의 홍합군락이 사라지는 것으로 볼 때, 언젠가 독도에서도 지금만큼 우점하지는 못할 것으로 보인다.

보라예쁜이해면 ⓒ 김사흥

검붉은수지맨드라미 ⓒ 김사흥

향후 예상되는 유입종

해양생물다양성 핫스팟Hot Spot은 일차적으로 생물다양성이 높고, 열대 및 아열대형 난류종 또는 온대형 난류종의 지리적 전파에 징검다리 역할을 하는 곳이다. 유생 시기 해류에 의해 떠살이를 하는 무척추동물들은 정해진 생존기간 때문에 멀리 가지 못하고 인근 유사 서식처까지 가는데, 겨울 시기에 적응할 수 있으면 터를 잡는다. 우리나라는 제주 남부를 시작으로 동부와 서부, 북부와 관탈도, 추자도, 사수도, 전남 여서도, 거문도, 백도, 경남 매물도, 홍도, 안경섬, 부산 남형제섬 등의 징검다리를 통해 퍼져나가 최종적으로 동해안에 유입된다.

한편 동해안에는 울릉도와 독도, 왕돌초울진 외곽에 있는 수중 봉우리를 제외하고 외곽도서가 없기 때문에 지리적 전파가 제한적인데다, 우리나라 연안에 연중 저층 냉수층이 흘러서 난류성 종들이 연안의 암반을 타고 전파되기 어렵다. 자료를 보면 동해안에 가장 먼저 난류성종이 등장하는 곳은 구룡포와 독도인데, 물론 독도와 구룡포 간 생물 군집이 서로 연관성을 가지는 것은 아니지만 어찌 되었든 독도로 흘러드는 해류, 즉 난류성 종의 유생이 실려 있는 해류는 남해안에서 직접 독도로 전파될 가능성이 높다.

또 하나 우리나라 남해와 먼 대마도를 거쳐 흘러 들어올 가능성도 배제할 수 없다. 그렇다면 이제 가장 가까운 징검다리에 안정적인 군락을 형성한 난류성 종들을 파악하면 될 텐데, 이들은 검붉은수지맨드라미(*Dendronephthya suensoni*), 해면맨드라미류(*Chromonephthya*

빨강불가사리 ⓒ 김사홍

sp.), 가시산호류(*Acathogorgia* sp.), 보라예쁜이해면(*Spirastrella insignis*), 굵은나선별해면(*Spirastrella insignis*), 빨강불가사리(*Certonardoa semiregularis*), 털많은가지해면(*Raspailia hirsuta*) 등이다. 이들은 독도 가제바위 주변에 제일 먼저 터를 잡을 가능성이 높은데, 그 이유는 지형과 서식 구조가 유사하기 때문이다.

독도에서 출현한 종의 해역별 유사도는 남해안이 90% 수준, 제주도 78%, 같은 해역으로 취급되는 동해는 59%의 유사도를 보이는 것으로 알려져 있다. 즉 독도는 동해안보다 남해안 특히, 외곽도서에 서식하는 종들에게 더 적합한 조건이 된다는 뜻이다.

(주)인더씨 김사홍 박사

서울대학교 생명과학부에서 박사학위를 받았으며, 동물분류·해양생태·생물다양성 보전 등을 연구하고 있다. 현재 환경부 멸종위기종 평가위원, 한국동물분류학회 이사, (주)인더씨 대표이사를 역임하고 있다.

class **08**

독도의 포유류와 미생물

생태계 조사를 하는 연구자라면 꼭 한 번 가보고 싶은 곳이 바로 독도지만, 아무에게나 조사가 허락되지 않는 곳 역시 독도다. 특히 포유류는 다른 분류군에 비해 기회가 흔치 않을 뿐더러, 독도에서 관찰되는 육상포유류는 거의 없다고 해도 과언이 아니다.

독도에는 '강치'가 살았었다

물개처럼 생긴 '강치'는 독도를 상징하는 포유류이다. 그런데 해양포유류 강치는 멸종된, 즉 '살았었다'는 표현이 맞는 종이다. 현재 동도의 선착장에는 멸종된 지 40년이 지난 강치를 그리워하는 표지석이 있다.

강치는 예부터 가제, 가재, 가지, 가지어, 바다사자 등으로 다양하게 불렸고, 이에 대한 역사서의 고증 사례도 많다. '바다사자'라는 한글 명은 아마도 'Californian sea lion'이라는 영어 명을 그대로 사용하다가 굳어진 것으로 생각되는데, 이 명칭이 학술 용어로 쓰인 것에 대해서는 다음과 같이 추정한다.

일본이 본격적으로 독도의 강치어업을 확장하던 1905년 전후 어업 경영자인 나카이 요자부로가 강치와 물개(*Callorhinus ursinus*)를 구분하였으며, 'Sea lion'이라는 서양 이름도 숙지하고 있었다는 고증이 있다. 하지만 우리나라의 미기록종으로 기재된 학술 문헌이 확인되지 않는 것으로 보아 어업에 따른 과세 및 수출 목록을 참고로 해양포유류의 종 목록을 정리하면서 '바다사자'라는 이름이 받아들여졌을 것이라 추정한다.

동도 선착장에 설치된 독도 강치 기념 조형물 ⓒ 김용기

즉, 강치가 아주 오래 전부터 동해에 서식했을지라도 분류학적 측면보다는 어획물로 인식한 기록이 앞섰기 때문에 이를 참고한 것으로 보인다.

강치의 생물분류학적 명칭은 '*Zalophus japonicus* Peters, 1866 바다사자'인데 최근 분자계통학적 연구 결과, 'Californian sea lion *Zalophus californianus* Lesson, 1828'과 별도의 종으로 분류하자는 논문이 발표된 바 있다. 이미 멸종됐지만, 두개골과 박제된 표본에서 얻은 특징을 근거로 태평양 동북부와 갈라파고스에 사는 강치들과 독도의 강치는 별도로 진화된 개체군으로 판단하는 것이다. 2003년 연구 결과가 나오기 전까지 강치는 '*Z. japonicus*'의 아종으로 인식되었다.

독도와 울릉도, 동해안 일대와 일본에는 고래를 제외하면 3종의 해양포유류가 서식하고 있다. 이 중 강치는 독도에서 주로 번식했지만 물개와 물범(*Phoca largha*)은 러시아를 회유하며 독도와 울릉도를 중간 휴식지로 이용했는데, 거주민들은 이들을 가까이에서 볼 기회가 없었기 때문에 이들을 혼동했을 것으로 추정된다. 사실 강치는 조금 가까이에서 보면 물개와 비슷하고 물범과는 약간 다르다. 이들을 가장 쉽게 구별하는 특징은 귓바퀴인데, 바다사자과에 속하는 강치와 물개는 귓바퀴가 있고, 물범과에 속하는 종들은 귓바퀴가 없다. 또 강치는 물개보다 크고 입 모양이 개처럼 둥글기 때문에 물 밖으로 머리만 내밀어도 구별할 수 있다. 이 밖에도 몸의

한국산악회의 '울릉도·독도 학술조사' 당시
촬영한 독도 강치 사진. 남행수 한국산악회
지부장에게 경남지부장에게 준 것으로,
최재일 씨 자택에 보존되어 있던 것을 정병준
이화여대 교수가 발굴해 평가했다.
ⓒ 최재일, 정병준

1947년 실시된 '울릉도·독도 학술 조사' ⓒ 한국산악회

빛깔과 발 모양 등으로 구별할 수 있다.

일부 자료를 보면, 1953년까지만 해도 500여 마리의 강치가 독도에서 확인되었다. 특히 이보다 앞선 1947년 한국산악회와 과도정부가 함께 실시한 '울릉도·독도 학술 조사'에서는 강치가 발견되어 당시 강치 새끼와 함께 찍은 사진을 얼마 전 정병준 이화여대 교수가 입수하여 공개했다. 국어학자 방종현, 고고학자 김원용, '나비 박사' 석주명, 역사학자 신석호 등 당대 최고 전문가들이 참여한 조사에서는 갑판에 강치 세 마리가 누워 있는 사진도 촬영한 것으로 밝혀졌다. 하지만 강치는 결국 1957년에 30여 마리만 남았고, 1973년과 1975년 어민의 목격담을 마지막으로 멸종한 것으로 본다한국자연보존협회, 1976.

그렇다면 그 많던 강치들은 왜 멸종됐을까? 독도의 강치는 수컷의 몸길이가 240cm 전후, 암컷은 180cm 전후로 북태평양에 사는 강치들보다 훨씬 컸으며 어업 기술이 발달하지 않았던 시대에는 뱃사람들에게 위협을 줄 정도로 강력한 바다의 최상위 포식자였다. 그러나 강치의 가죽과 기름은 인간이 이용할 수 있는 해양자원이었기 때문에 1900년대 어업을 주도하던 일본인에 의해 무분별하게 포획된 것이다.

일본의 강치 관련 어업 통계량 및 과세 현황을 보면 1905년부터 8년간 1만 4,000여 개체의 독도 강치가 포획되었음을 확인할 수 있다. 일제강점기 시대를 거치면서 일본 오키섬 연안에 사는 오키강치와 독도에 사는 강치 모두 포획 대상이었지만 1904년 이후로는 독도 강치만 포획되었다는 사실도 기록되어 있다. 강치와 같은 기각류들은 해안가에 무리 지어 서식하는 특성이 있어 상대적으로 고래보다 포획이 쉬워 순식간에 많은 수가 포획된 것이다. 일본 시마네현 산베자연관에 독도 강치가 '독도대왕실제 명칭은 일본식인 리앙쿠르 대왕으로 표기'이라는 이름의 박제로 유일하게 남아 있는데, 이는 세계 최대 크기다.

최근 환경부에서 강치 복원사업을 고려하고 있으나 이미 수십 년간 진행한 광범위한 해양조사에서도 확인되지 않았기 때문에 멸종한 강치를 원종 그대로 복원하는 것은 거의 불가능해 보인다.

독도에는 토끼도 살았었다

과거 독도에 살았다가 지금은 없는 또 다른 포유류는 토끼다. 1970년 독도경비대가 토끼 10마리를 풀어 놨다가 너무 많이 번식하는 바람에 1990년에 대대적인 방제작업을 벌인 것이다. 이것은 '토끼 소탕 작전'으로도 불렸는데 이 토끼들은 쥐굴보다 훨씬 더 큰 굴을 파고 초본류를 닥치는 대로 먹었다고 전해진다. 그래서 방사된 토끼가 서도까지 번지면서 10여 년간 여러 종류의 초본류가 멸종했다고 보는 학자들도 있다.

한편 '독도에 방사했던 토끼들이 굴을 팠다'는 기록으로 보아 아마도 우리나라 야생종 멧토끼(*Lepus coreanus*)가 아닌 다른 종이었을 것으로 추측된다. 한 종 밖에 없는 국내 야생토끼는 멧토끼라 불리는데 땅에 굴을 파지 않고 관목이나 긴 초본류 사이의 덤불을 은신처 삼아 낮 동안 숨어 있는 특성이 있기 때문이다. 굴을 파고 지내는 종은 '집토끼 혹은 굴토끼'라고 부르는 침입종과 사육품종들인데 토끼사육장에서 탈출한 개체들은 근처 야산에서 번식하기도 한다.

독도에 살고 있지만 볼 수는 없다?

독도에는 여러 가지 요인들로 인해 지금은 볼 수 없는 생물들이 있는가하면 독도에 살고 있으나 크기가 작아서 볼 수 없는 생물도 있다. 사람의 눈으로는 확인이 어려운 미생물이 바로 그것인데 특별히 독도에서 발견된 생물종에는 '동해 독도'라는 의미를 가진 '동해아나 독도넨시스'가 붙은 학명을 부여한다.

2004년 독도 앞바다에서 채취하고 분리하여 분류 및 진화적 분석 과정을 거쳐 유전체 서열이 해독된 동해아나 독도넨시스(*Donghaeana dokdonensis*). 해독 결과 새로운 속과 새로운 종을 가진 해양 미생물이라는 사실이 판명되어 2006년 미생물분류학분야의 저명 학술지인 영국 『IJSEM』에 공식적으로 발표됐다. 아울러 연구진이 '동해아나 독도넨시스'의 유전체를 분석해 발견한 단백질 '로돕신'은 바닷속 염분이 높은 환경에서 살아갈 수 있도록 체내에 쌓인 염분을 바깥으로 배출하는데 필요한 기능을 할 것으로 예상하고 있다. 동해아나 독도넨시스는 우리나라 최초 우주인 이소연 씨가 국제우주정거장에 가져가 세포 배양 우주 실험을 진행하기도 했다.

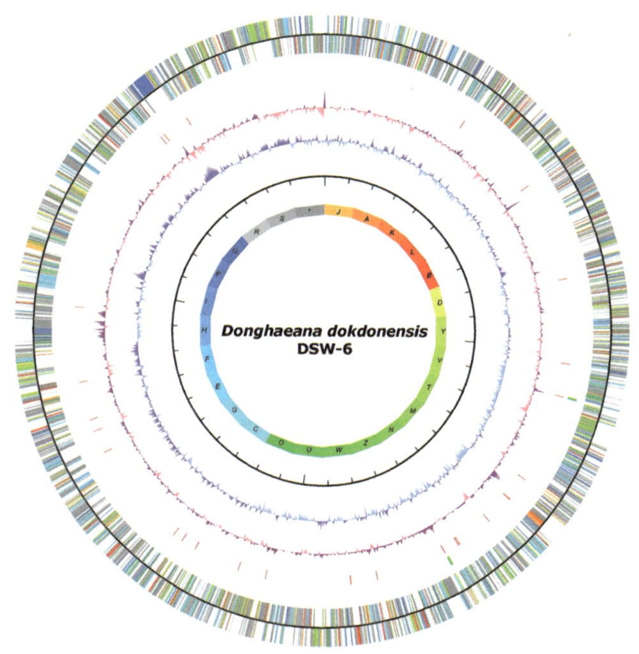

동해아나 독도넨시스 DSW-6의 유전체 지도 ⓒ 한국생명공학연구원

우리나라에서 처음 발견되었다는 의미이자 독도가 우리 땅임을 세계에 알리기 위해 '독도'를 학명에 포함시킨 또 다른 종으로는 독도넬라 코리엔시스(Dokdonella koreensis)가 있다. 한국생명공학연구원이 새로운 미생물 박테리아 2속 3종 등 다섯 개의 균주를 세계 최초로 발견하여 국제학계에 발표한 것인데, 그중 하나가 독도의 토양에서 발견된 신종 세균인 '독도넬라 코리엔시스'다. 이외에도 독도니아 동핸시스(Dokdonia donghaensis), 버지바실러스 독도(Virgibacillus dokdonensis), 마리박터 독도(Maribacter dokdonensis), 마리노모나스 독도(Marinomonas dokdonensis) 등도 한국생명공학연구원에서 미생물 분류학 분야의 학술지 『IJSEM』에 등록했다.

생태정보연구소 **김용기 소장**

포유류 연구자들의 관심과 노력이
바로 지금 필요한 곳, **독도**

우리나라의 동쪽 맨 끝에 위치한 독도는 가장 가까운 육지인 경상북도 울진군 죽변에서도
무려 216.8km나 떨어져 있다. 때문에 포유류가 이입되어 서식할 가능성이 매우 낮은 곳이
기도 하다. 이런 환경을 가진 독도에 어떤 포유류가 살고 있으며, 앞으로 어떤 변화를 보일지
'독도 포유류 조사'를 담당한 김용기 소장에게 이야기를 들어보았다.

Q 국립생태원 독도 조사에는 어떻게 함께 하시게 되었는지요.

A 2015년 전국자연환경조사 담당자로부터 독도의 '쥐'에 대한 조사를 제안받았고, 국립생태원 독도 조사는 3회에 걸쳐 참여했습니다.

Q 독도 조사에서 가장 힘들었던 점은 무엇이며, 그럼에도 불구하고 보람을 느낄 수 있었던 순간은 언제였는지 궁금합니다.

A 기나긴 시간 동안 배를 타야하는 것, 예측할 수 없는 기상 상태, 가파르고 위험한 탐방로 등 제 힘으로 해결할 수 없는 문제들이 힘들게 했죠. 하지만 이런 난관을 헤치고 독도에 도착했을 때 느끼는 감동은 갈 때마다 새롭습니다. 그래서인지 충실하게 조사를 마치고 조사 보고서까지 마무리되었을 때 비로소 고생한 보람을 느끼고요.

Q 독도에는 포유류가 많지 않아서 연구자들에게는 큰 관심을 받지 못 할 거 같은데 실제로는 어떤가요?

A 독도는 멸종된 강치 수만 마리가 번식했었고, 인근에서는 많은 종류의 고래가 관찰되기도 했습니다. 즉 포유류가 많지 않다는 것은 현재 상태고, 이렇게 만든 것은 우리들이죠. 비록 다른 나라에서 원인을 제공했다지만 참 안타깝습니다. 이제는 해양포유류가 언제든 독도를 다시 찾아오도록 연구자들과 관련 기관의 관심이 필요하다는 것을 강조하고 싶습니다.

Q 현재 독도에서 볼 수 있는 포유류에는 어떤 것들이 있나요?

A 사람 사는 곳에는 쥐가 산다더니, 굴과 배설물을 통해 집쥐가 서식하고 있는 것을 알 수 있었습니다. 또 독도를 지키는 삽살개 두 마리를 볼 수 있는데 이름이 아주 재밌습니다. 동도와 서도, 철수와 영희가 살았었고, 지금은 흑미와 백미가 살고 있습니다.

Q 앞으로 독도 포유류에 어떤 변화가 있을지 예측할 수 있을까요?

A 현재 서식하고 있는 집쥐에 대해 예측하자면 결론은 두 가지입니다. 만약 구서驅鼠작업이 없다면 집쥐는 소수의 개체군을 유지하겠지만, 유해 동물로 여기고 구서작업을 한다면 빠른 시간 내에 없어지겠죠. 어떤 결론이든 독도의 지리적 특수성을 생각해서 전문가들의 의견과 자료를 바탕으로 합리적인 답을 찾아야 할 겁니다. 해양포유류는 복원이 추진된다면 강치와 비슷한 종이 서식할 수도 있다는 희망적인 예측을 해봅니다. 그러면 독도의 생물다양성은 좀 더 건강해지겠죠?

Q 마지막으로 독도 생태에 대해 어떤 연구가 더 필요하다고 생각하시는지 여쭙고 싶습니다.

A 현재는 포유류 개체군의 밀도와 수를 알아보는 정도로 연구하고 있지만, 앞으로 유전적 차이와 지리적 격리와의 관련성 여부 등에 대해서 더 알아보고 싶은 바람이 있습니다.

생태정보연구소 **김용기 소장**

질병관리본부에서 쥐 등의 질병매개체에 대한 연구를 수행했으며, 현재는 인천 소재의 생태정보연구소 소장으로서 야생동물에 대한 조사 및 연구를 수행하고 있다.

class 09

독도의 어류

독도 인근 수역은 남쪽에서 동해로 올라온 난류, 북쪽에서 내려온 한류가 교차하는 지점이기 때문에 동해 남부와 제주도, 일본 남부 연안에서 볼 수 있는 아열대성 어류가 많다.
또 독도 주변의 바위지역은 물고기들이 서식하기에 좋은 조건을 갖추고 있어 어류다양성도 풍부하다.

철갑둥어
Monocentris japonicus

철갑둥어 ⓒ 김동식

둥근 타원형의 몸 전체는 단단한 비늘로 덮여 있는데, 황금색에 그물 모양의 검은 줄무늬가 있다. 아열대성 어류로 바위가 많고 수심이 얕은 연안에서 생활한다. 아래턱에 발광박테리아가 공생하여 밤에 청백색 빛을 내기도 한다.

분류 체계	Chordata 척삭동물문 > Actinopterygii 조기강 > Beryciformes 금눈돔목 > Monocentridae 철갑둥어과 > Monocentris 철갑둥어속 > japonicus 철갑둥어
크기	길이 15cm
분포	한국, 일본, 인도양, 오스트레일리아

미역치
Hypodytes rubripinnis

미역치 ⓒ 김동식

몸길이 10cm 미만의 작은 어류다. 체고가 낮고 앞쪽의 등지느러미 가시는 크고 길다. 비늘은 피부에 묻혀 있고, 측선은 등 쪽에 있다. 내만성 어류로 연안 가까운 곳의 해조류와 바위 지역에 무리를 이루어 생활한다.

분류 체계	Chordata 척삭동물문 > Actinopterygii 조기강 > Scorpaeniformes 쏨뱅이목 > Scorpaenidae 양볼락과 > Hypodytes 미역치속 > rubripinnis 미역치
크기	길이 10cm
분포	한국, 일본

청황베도라치
Springerichthys bapturus

청황베도라치 ⓒ 김동식

몸이 길고 머리의 아래 면이 위쪽보다 넓고 주둥이가 뾰족하여 삼각형을 이룬다. 몸 색깔은 황적색 또는 담황색 바탕에 적갈색 점무늬들이 있고 수컷의 머리와 주둥이, 꼬리 지느러미는 검은색 을 띤다. 수심 10m 미만의 바위가 많은 곳 바닥에서 생활한다.

분류 체계	Chordata 척삭동물문 > Actinopterygii 조기강 > Perciformes 농어목 > Tripterygiidae 먹도라치과 > Springerichthys 청황베도라치속 > bapturus 청황베도라치
크기	길이 6cm
분포	한국, 일본

붉바리
Epinephelus akaara

붉바리 ⓒ 김동식

긴 계란형 체형과 두터운 입술을 가졌다. 몸 색깔은 변화가 심하며 보통 연한 갈색 바탕에 진한 자갈색 구름무늬가 있다. 몸 전체에 작 고 둥근 붉은색 점무늬가 있고, 등지느러미 중앙 아래쪽에 크고 검 은 점무늬가 1개 있다. 연안 얕은 곳의 바위 지역에서 생활한다.

분류 체계	Chordata 척삭동물문 > Actinopterygii 조기강 > Perciformes 농어목 > Serranidae 바리과 > Epinephelus 우레기속 > akaara 붉바리
크기	길이 40cm
분포	한국, 일본, 중국, 대만

다섯동갈망둑
Pterogobius zacalles

다섯동갈망둑 ⓒ 김동식

긴 원통형 몸을 가졌으며 눈이 머리의 등쪽에 위치한다. 몸 색깔 은 연한 갈색 바탕에 다섯 개의 진한 흑갈색 가로줄무늬가 있다. 등지느러미는 2개이고 비늘은 매우 작다. 수심 20~40m의 바위 지역 바닥에서 생활한다.

분류 체계	Chordata 척삭동물문 > Actinopterygii 조기강 > Perciformes 농어목 > Gobiidae 망둑어과 > Pterogobius 흰줄망둑속 > zacalles 다섯동갈망둑
크기	길이 14cm
분포	한국, 일본

줄갈돔
Lethrinus genivittatus

줄감돔 ⓒ 김동식

몸은 긴 타원형이고 양 턱에 원추형 이빨이 있다. 등지느러미의 두 번째 기조가 길어서 갈돔과의 다른 종들과 구분된다. 몸 색깔은 초록빛이 나는 갈색을 띠며, 너비가 좁은 여러 개의 노란 가로줄무늬가 있다. 해조류가 많은 연안 얕은 곳의 모래와 바위에서 생활한다.

분류 체계	Chordata 척삭동물문 > Actinopterygii 조기강 > Perciformes 농어목 > Lethrinidae 갈돔과 > Lethrinus 갈돔속 > genivittatus 줄갈돔
크기	길이 25cm
분포	한국, 일본, 오스트레일리아, 서태평양 연안

두줄촉수
Parupeneus spilurus

두줄촉수 ⓒ 김동식

반원형의 몸에 입술이 두텁고 아래턱에 수염이 1쌍 있다. 몸 색깔은 주황색이고 주둥이에서 몸 중앙까지 3개의 갈색 세로줄무늬가 이어진다. 꼬리자루 위에 크고 검은 점무늬가 있다. 연안 얕은 곳의 모래와 바위 지역에서 생활한다.

분류 체계	Chordata 척삭동물문 > Actinopterygii 조기강 > Perciformes 농어목 > Mullidae 촉수과 > Parupeneus 촉수속 > spilurus 두줄촉수
크기	길이 50cm
분포	한국, 일본, 필리핀

졸복
Takifugu pardalis

졸복 ⓒ 김동식

곤봉 모양의 몸과 둥글고 뭉툭한 주둥이, 그 끝에 작게 열린 입을 갖고 있다. 양 턱에 강하고 납작한 이빨이 있으며, 등에는 녹갈색 바탕에 다각형의 흑갈색 작은 점무늬들이 있다. 연안 얕은 바다의 바위 지역에서 생활하고 피부와 간, 난소, 정소에 독이 있다.

분류 체계	Chordata 척삭동물문 > Actinopterygii 조기강 > Tetraodontiformes 복어목 > Tetratodontidae 참복과 > Takifugu 참복속 > pardalis 졸복
크기	길이 30cm
분포	한국, 일본, 동중국해

세동가리돔
Chaetodon modestus

세동가리돔 ⓒ 김동식

몸길이와 높이가 비슷한 마름모형이며 눈 앞쪽 머리 부분의 외곽선은 오목하다. 머리는 매우 작고 주둥이가 뾰족한데, 몸 색깔은 연한 회색 바탕에 3개의 노란 가로줄무늬가 있다. 연안의 바위 지역에서 생활한다.

분류 체계	Chordata 척삭동물문 > Actinopterygii 조기강 > Perciformes 농어목 > Chaetodontidae 나비고기과 > Chaetodon 나비고기속 > modestus 세동가리돔
크기	길이 17cm
분포	한국, 일본, 대만, 필리핀, 하와이

창치
Vellitor centropomus

창치 ⓒ 김동식

몸은 길고 주둥이가 뾰족하며 꼬리자루는 가늘다. 2개의 등지느러미 중 하나는 크고 삼각형이다. 몸 색깔은 청갈색 바탕에 파란 점무늬들이 흩어져 있다. 내만성 어류이며 해조류가 많은 곳의 바닥에서 생활한다.

분류 체계	Chordata 척삭동물문 > Actinopterygii 조기강 > Scorpaeniformes 쏨뱅이목 > Cottidae 둑중개과 > Vellitor 창치속 > centropomus 창치
크기	길이 15cm
분포	한국, 일본

군산대학교 해양생명응용과학부 **최 윤 교수**

전북대학교 생물학과에서 동물학어류학으로 박사학위를 받은 후 상어를 포함한 한국 연근해 어류의 분류와 생태에 관해 연구하고 있다. 현재 군산대학교 해양과학대학 해양생명응용과학부해양생물공학 전공 교수로 재직 중이며, 저서로 『한국의 바닷물고기』2002, 『독도 바닷물고기 탐구』2015 등이 있다.

section

03

독도를

품다

class
10

독도의 역사

포털 사이트에서 찾아볼 수 있는 독도 역사 관련 뉴스 약 13만 건, 웹문서 약 140만 건, 블로그는 10만 건 이상이다. 그만큼 많은 이들이 독도의 역사에 대한 관심이 크다는 의미다. '지피지기면 백전불패'라는 말이 있듯, 먼저 우리 역사 속에 있는 주권 수호를 위한 다양한 기록들을 알아보자.

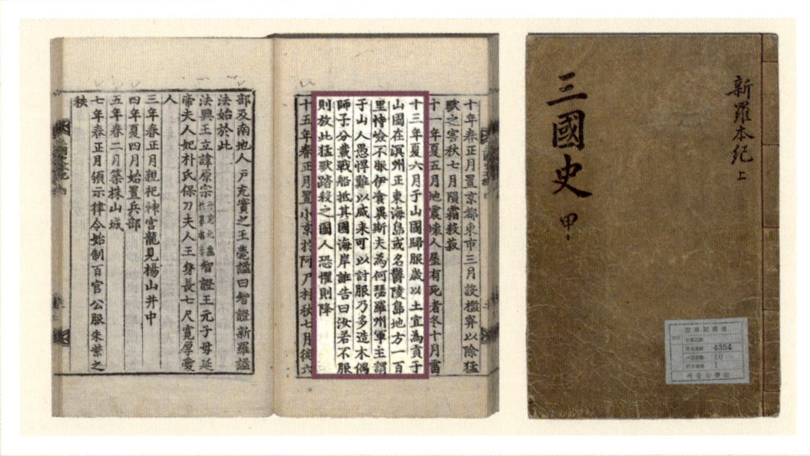

『삼국사기』 ⓒ 독도연구소

독도 역사의 시작

문헌에 나타나는 기록으로 독도의 역사를 살펴보려면 신라시대로 거슬러 올라가야 한다. 512년 신라의 내부 기반을 잘 닦은 지증왕은 백제가 중국이나 일본과 무역하는 모습을 보고 신라가 바닷길을 통해 밖으로 뻗어 나가기 위해 우산국울릉도을 정복해야 한다는 판단을 내렸다. 지증왕은 이사부에게 우산국 정벌을 명하였고 이사부는 나무를 깎아 만든 가짜 사자들을 이용해 우산국을 함락시켰다. 이후 우산국은 신라의 지배를 받게 되어 해마다 토산물을 바쳤는데 이에 대한 기록은 김부식이 지은 『삼국사기三國史記』에 등장한다.

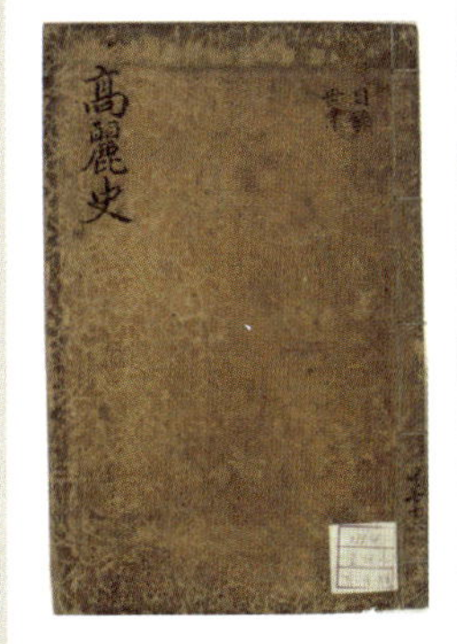 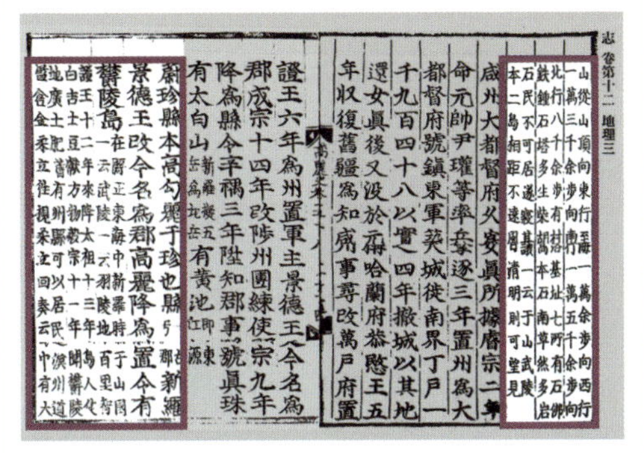

『고려사』 표지와 『고려사』 권58 울진현조 ⓒ동북아역사재단

"지증왕 13년 여름 6월에 우산국이 항복하고 매년 토산물을 공물로 바쳤다. 우산국은 명주 (강릉)의 정동쪽 바다에 있는 섬으로 울릉도라고 한다."

또 우산도독도에 관한 최초 기록은 『고려사高麗史』 권58 지리지 울진현조에서 확인할 수 있다.

"1397년(우왕 5)년에 말하기를 우산도(于山島)와 무릉도(武陵島)는 본래 두 섬으로 서로 거리가 멀지 않아 날씨가 맑으면 가히 바라볼 수 있다."

이 문장은 '울릉도와 독도가 가까운 거리에 있어 날씨가 맑으면 볼 수 있다'는 사실을 보여 주며, 유네스코 세계기록유산으로 지정된 『세종실록지리지世宗實錄地理志』에도 유사한 내용이 적혀 있다.

"우산(宇山)과 무릉(武陵) 두 섬이 현의 정동쪽 바다 가운데에 있고, 두 섬은 거리가 멀지 않아 바람이 곱고 맑은 날에는 가히 바라볼 수 있다. 신라에서는 우산국이라고 불렸는데, 지방은 100리다."

이런 기록들을 바탕으로 독도의 역사는 신라시대 우산국의 정복에서 시작되었다고 볼 수 있다. 그렇다면 역사상 문헌에 등장하는 우산국은 어떤 지역이었을까.

독립 국가였던 우산국

우산국은 신라의 지배를 받고 조공을 바쳤지만 통일신라가 쇠퇴하고 고려가 세워질 때까지 엄연히 독립된 국가였다. 『고려사』에 "우릉도에서 백길과 토두를 고려에 보내 조공을 바침에 따라 백길에게 정위, 토두에게 정조의 관계를 하사했다."라는 기록에서 알 수 있듯, 우산국은 고려 왕건에게 조공을 바쳤고 고려는 조공한 이들에게 관직을 내려주었다. 1018년현종 9년에는 여진족의 침략을 받아 우산국 사람들이 큰 피해를 입자 조정에서 농기구와 물품을 하사했고, 본토로 도망친 우산국 사람들에게 돌아가도록 명령하여 우산국의 안정화를 꾀하기도 했다. 이러한 관계가 지속되면서 우산국은 우릉도나 무릉도로 지칭되고 우산국의 왕은 성주로 불리었으며, 울릉도와 독도는 자연스럽게 고려의 땅이 되었다.

고려 역시 우릉도에 끊임없는 관심을 가지고 조정의 손길이 닿을 수 있도록 했다. 1157년의종 11년에는 '우릉도의 땅이 넓고 비옥하여 사람 살기 적합한 곳'이라는 소식이 전해지자 명주도감창 전중내급사 김유립을 파견해 조사를 실시했고, 1197년명종 27년에는 '울릉도의 토지가 비옥하고 진귀한 나무와 해산물이 많다'는 소식에 최충헌이 주민들을 이주시킬 계획을 세우기도 했다. 비록 김유립의 조사 결과 토지에 암석이 많아 생활하기 힘든 곳이라 하였고, 명종 때는 풍랑으로 많은 사람이 죽어 최충헌이 이주 계획을 중단했지만, 조정에서 논의와 수고를 아끼지 않았던 것으로 보아 당시 독도의 가치가 중요했음을 짐작할 수 있다.

왜의 침략을 줄이고자 한 쇄환정책

조정은 독도의 가치를 중요하게 판단했지만 무릉도의 거주민을 육지로 나오게 하는 쇄환정책을 시행하기도 했다. 1392년 조선이 건국된 후 1403년태종 3년 8월 강원도 관찰사의 장계¹를 따라 쇄환정책을 명령했는데 여기에는 크게 두 가지 이유가 있었다. 하나는 당시 거리상의 이유로 왜의 침략을 제때 막아내지 못하자 차라리 섬을 비워 피해를 줄이자는 의도였다.

다른 하나는 울릉도가 종종 범죄자들의 도피처가 되었기 때문이다. 죄를 짓거나 군역의 의무를 피해 가족과 함께 울릉도로 도망치는 사람들이 있었다. 쇄환정책은 태종에서 세종까지 이어졌다. 결국 1425년세종 7년에는 김인우를 우산무릉등처의 안무사로 임명하여 울릉도민들을 본토로

귀환시키고 조정에서 충청도에 터전을 마련해 세금도 면제해 주는 정책을 시행했다. 하지만 울릉도에서 본토까지 오는 동안 풍랑을 만나 죽기도 하고, 배가 난파되어 일본에 표류하는 등 사건이 많이 일어났다. 결국 세종은 왜의 침략을 막는 데 초점을 두어 왜의 본거지인 대마도를 정벌하고자 힘썼다.

한·일 독도 영유권

1900년 10월 25일에 제정·반포된 「대한제국 칙령 제41호」는 울도군의 관할구역으로 울릉도와 죽도, 석도독도를 규정한다는 내용을 담고 있다. 그럼에도 불구하고 일본은 1905년 독도를 시마네현 영토로 강제 편입했는데, 문제는 샌프란시스코 평화조약에서 벌어졌다. 제1차에서 제5차 초안까지 독도는 한국의 영토라고 표시되었는데 완성된 초안에서는 "일본은 한국의 독립을 승인하고 제주도, 거문도, 울릉도를 포함한 모든 권리와 권원, 그리고 청구권을 포기한다."라는 내용만 남게 된 것이다. 우리 정부는 미국 정부에 독도가 한국 영토라는 조항을 넣어 달라고 요청했지만, 미국 정부는 오히려 독도는 일본 땅이라는 내용이 담긴 비밀문서인 '러스크 서한'을 보내 주었다. 비밀문서는 국제적으로 아무 효력이 없음에도 지금까지 일본은 독도 영유권을 주장하는 근거로 이 문서를 내세우고 있다. 그러나 우리는 여기서 주저앉지 않고 독도를 지켜내기 위해 1952년 1월 18일 '인접 해양에 대한 주권에 관한 선언'을 선포했다. 이 주권선언 안에는 독도가 포함되어 있었음에도 미국을 비롯한 다른 연합국들은 어떤 반대 표시도 하지 않았다. 이는 그들이 암묵적으로 동의했다는 의미로 해석된다.

Add Info.

죽도·송도 도해 면허

1592년 임진왜란 후 일본을 멀리했던 우리나라는 1607년부터 다시 교역을 시작했으나 당시에는 대마번과 동래 지금의 부산에서만 교역을 허락했으며, 일본 관리들에게 울릉도와 독도에 절대 접근해서는 안 된다는 사실을 주지시켰다. 하지만 일본의 돗토리번 어부들은 1617년 에도막부로부터 교부받은 '죽도 도해 면허'를 가지고 70년 동안이나 울릉도에서 어로 활동과 벌목 활동을 벌이며 막대한 이익을 챙겼고 1661년에는 '송도 도해 면허'도 얻어 냈다. 여기서 우리는 두 가지 중요한 사실을 발견할 수 있다. 첫째 도해 면허를 발부했다는 것은 독도가 일본의 영토가 아님을 인정했다는 의미다. 도해 면허라는 것이 자국 섬으로 갈 때에는 필요 없는 문서이기 때문이다. 둘째 남의 나라 영해에서 어로 활동을 한 것은 차치하더라도 1년의 유효 기간을 가진 면허증으로 70년간 조업을 했다는 것은 명백한 불법 조업의 증거다.

대한민국 고지도 속 독도

우리나라의 대표적 지리서는 조선시대 관에서 편찬한 『세종실록지리지』와 『신증동국여지승람』, 『증보문헌비고 여지고』, 민간에서 만든 『대동여지도』와 『대동지지』 등이 있다. 이 중 가장 방대하고 종합적인 내용을 담은 책이 『신증동국여지승람』인데, 이 책은 1481년성종 12년 『동국여지승람』으로 편찬되었다가 수정작업을 거쳐 1530년중종 25년에 완성되었다. 여기에 수록된 「팔도총도」는 독도가 '우산도'로 표시되어 있으며, 이외에도 조선 후기 정상기가 제작한 「동국대지도」, 18세기 후반 여지도에 수록된 「아국총도」, 19세기 중반의 「해좌전도」 등에 독도가 우리나라 땅이라고 분명하게 명시되어 있다.

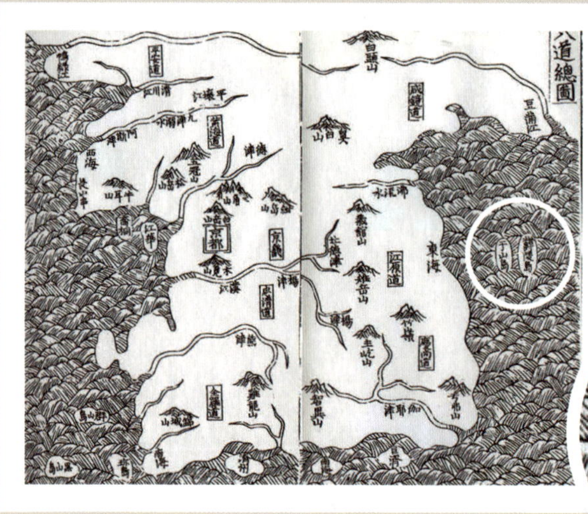

팔도총도 ⓒ경상북도 사이버독도

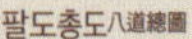

팔도총도八道總圖

제작자 : 미상 | 발행지 : 조선 | 제작년도 : 1531년 | 크기 : 34.6×26cm
『신증동국여지승람新增東國輿地勝覽』에 부도附圖로 실린 지도. 한반도 모양이 동서로 부풀고 남북으로 압축되어 그려졌다.
지도 오른쪽 하단에 우산도于山島와 울릉도 두 섬이 좌우로 표현되었고, 울릉도는 울진도鬱珍島로 표기되어 있다.

동국대지도東國大地圖

제작자 : 정상기 | 발행지 : 조선
제작년도 : 18세기 중엽 | 크기 : 137.5×272.7cm

우리나라 전체를 약 42만분의 1 정도로 축소하여 정확성을 높인 지도.
국토의 윤곽을 거의 실제와 가깝게 그리는 데 성공했으며, 울릉도와 우
산도가 잘 나타나 있다.

동국대지도
ⓒ국립중앙박물관

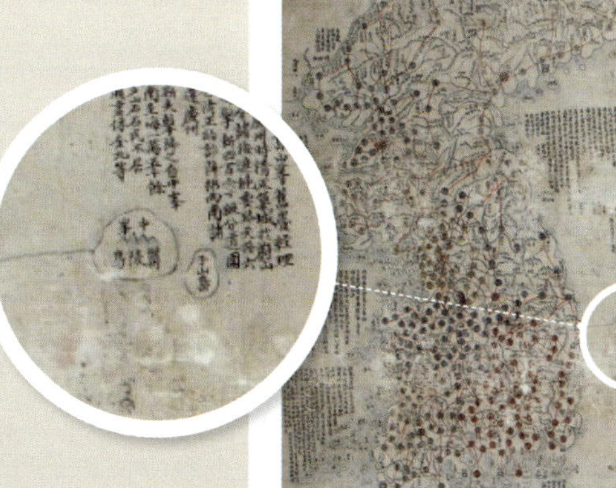

해좌전도海左全圖

제작자 : 미상 | 발행지 : 조선
제작년도 : 19세기 중엽 | 크기 : 55.8×98.3㎝

조선 8도의 지세와 토산물 등을 상세하게 그린 목판 인쇄 지도로, 여백
에 설명이 많다. 「대동여지도」와 매우 유사하고 목판본이기 때문에 여러
점이 남아 있다. 울릉도 바로 옆에 우산도가 그려져 있다

해좌전도 ⓒ 경상북도 사이버독도

일본 고지도와 사료史料 속 독도

일본의 고지도를 살펴보면 1905년 독도를 일본 영토로 강제 편입시키기 전까지 울릉도와 독도를 일본 영역 밖에 표시했기 때문에 다수의 지도에서 독도를 한국 영토로 표시한 내용을 확인할 수 있다. 먼저 「개정 일본여지로정전도」1779를 보자. 이 지도에서 독도와 울릉도는 일본 본토와 달리 채색되어 있지 않고, 마쓰시마독도와 다케시마울릉도라고 표기한 자리 옆에 "見高麗猶雲州望隱州 - 고려조선를 보면 마치 운슈이즈모에서 인슈오키를 보는 것과 같다"라는 기록을 확인할 수 있다. 이는 "북서쪽으로 2일日 1야夜를 가면 송도松島가 있다. … (중략) 두 섬은 무인도인데, 고려조선를 보는 것이 마치 운주雲州에서 은주를 보는 것과 같다."라는 『은주시청합기隱州視聽合記』1667의 기록과 일치하는 내용이다. 또 조선은 황색, 일본은 녹색으로 표시한 「삼국접양지도」1785에서 울릉도와 독도는 조선 본토와 같은 황색으로 칠하고 '조선의 소유'라고 적어 넣었다.

일본 실측지도인 「대일본연해여지전도」1821와 일본 육군 참모국에서 메이지 시대부터 일본, 조선, 중국의 전도를 제작한 지도 중 가장 먼저 완성된 「대일본전도」1887, 일본 육지측량부가 만든 「오키 지도」1889에도 독도는 일본 영토로 그려 넣지 않았다. 이뿐 아니라 일본의 사료史料 속에는 독도가 우리나라의 땅이라는 사실이 곳곳에 기록되어 있다. 1869년 메이지 정부 시절 국가 최고 기관인 태정관에서는 조선을 정탐한 후 외무성에 「조선국교제시말내탐서」를 제출하였다. 이 문서에는 '송도와 죽도가 조선의 속도屬島'가 된 사정이 적혀 있는데, 이는 독도송도와 울릉도죽도에 대한 영유권이 한국에 있다는 것을 인정한 내용이라고 볼 수 있다.

개정 일본여지로정전도 ⓒ 대한민국 외교부 독도

삼국접양지도 ⓒ 국립해양박물관

개정 일본여지로정전도改正 日本輿地路程全圖

제작자 : 나가쿠보 세키스이長久保赤水 | 발행지 : 일본

제작년도 : 1791년 | 크기 : 132×84㎝

에도시대 농민 출신의 지리학자가 제작한 지도. 10리를 한 치로 하는 축척약 1:130만을 이용하였으며, 일본 최초로 위선과 경선을 나타내는 등 비교적 정확하게 제작되었다. 이 지도에는 울릉도와 독도가 오키 섬의 북서쪽에 함께 그려져 있는데, 일본 영토에서 제외한다는 뜻으로 경·위도선이 표시되지 않았다.

삼국접양지도三國接壤地圖

제작자 : 하야시 시헤이林子平 | 발행지 : 일본

제작년도 : 1785년 | 크기 : 76×109cm

『삼국통람도설三國通覽圖說』에 수록된 부도附圖 5장 중 하나. 일본을 중심으로 주변 3국 - 조선朝鮮, 류큐流求, 오키나와 제도, 하이국蝦夷國, 아이누족의 북해도 이북 지역을 다른 색채로 그려 국경을 표시하였다. 조선과 일본 사이 바다 한가운데 그려진 두 개의 섬은 조선 영토와 같은 색으로 칠하고, 왼쪽 큰 섬에 다케시마竹島라고 표기한 다음 '조선의 것으로朝鮮ノ持二'라고 적어놓았다.

조선왕국전도Royaume de Corée

제작자 : 밥티스 부르기뇽 당빌Jean Baptiste Bourguignon d'Anville
발행지 : 프랑스 | 제작년도 : 1737년 | 크기 : 74×49㎝
18세기 중·후반 유럽인에 의해 그려진 최초의 한국전도 조
선의 여러 도시 위치가 상세하게 표시되어 있고, 동해상 울
릉도는 'Fan-ling-tao', 독도는 'Tchian-chan-tao'로 표기되어
있다.

조선왕국전도 ©국토해양부 국토지리정보원

한편 1876년 10월 시마네현에서 관내의 지적을 조사하던 중 '일본해 내 죽도 외 1도 지적 편찬
방시죽도 외 1도를 지적에 포함시킬 것인지에 관한 물음'를 내무성에 질의하자, 일본 내무성은 1877년 3월 "이
문제는 17세기에 끝난 문제이고 울릉도와 독도는 일본과 관계없다."는 결론을 내리며 4월에 내
무성 태정관太政官, 현재의 내각과 같은 최고 행정기관의 결정을 시마네현에 전달한 바 있다. 이처럼 일본 내
문서에 독도는 일본 영토가 아니라고 적혀 있는 것은 독도가 대한민국의 땅이라는 사실을 명명
백백하게 뒷받침해주는 증거가 된다.

일본의 지도 외에 프랑스 당빌은 중국의 「황여전람도」를 바탕으로 「조선왕국전도」1737를 제작
하였는데 그 지도에는 우산도를 '찬찬타오'로 적어 넣었다. '찬찬타오'는 우ᵣ산도를 천ᵣ산도로
잘못 읽은 데서 비롯된 것이기 때문에, 「조선왕국전도」에서 독도를 우리 영토라고 표기한 것으
로 보아야 한다.

일본의 독도 영유권 주장

이렇게 역사 속 많은 근거가 있음에도 일본은 여전히 시시때때로 독도 영유권을 주장하고 있다. 1954년 독도 영유권 문제를 국제사법재판소에 맡길 것을 제의했고, 1965년에 맺은 한·일 기본관계조약을 무시한 채 1877년 후쿠타 다케오 수상은 독도가 일본 땅이라고 공개 발언했으며, 한국이 시마네현 다케시마의 영유권을 주장한다는 내용을 담은 역사교과서와 독도를 일본 땅이라고 표시한 사회교과서를 문부과학성 검정에 통과시키고 있다. 이에 우리나라는 1981년 10월 최초로 독도에 주민등록을 등재하고, 1982년 11월 독도를 천연기념물 제336호 '독도 해조류 번식지'로 지정했으며, 1999년 12월에는 천연기념물 제336호 독도천연보호구역으로 변경했다. 2000년에는 독도 자연환경과 생태계 보전을 위해 「독도 등 도시지역의 생태계 보전에 관한 특별법」에 의거하여 독도를 특정 도서 제1호로 지정하는 등 대한민국의 땅임을 공표하였다.

class
11

독도 관련 기관

독도는 많은 사람들이 가보고 싶어 하는 곳이지만 배로 이동하는 시간이 길고 날씨의 제약이 심해 방문이 어렵다. 하지만 간접적으로나마 독도를 쉽게 만날 수 있는 방법이 있다. 바로 독도박물관과 독도 체험관처럼 독도를 주제로 하는 전시관이나 독도 관련 정보를 망라해 놓은 인터넷 사이트를 방문하는 것. 독도를 직접 밟아 볼 수 있다면 더할 나위 없이 좋겠지만, 여러 가지 제한된 상황에서 독도를 체험할 수 있는 독도 관련 시설이나 인터넷 사이트 등을 방문하는 것도 좋은 방법 중 하나다.

독도박물관 전시관 ⓒ 독도박물관

독도에 대한 모든 것,
독도박물관

- 🕘 오전 9시 ~ 오후 6시(폐관 30분 전까지 입장)
- 🗓 연중 무휴
- 📍 경상북도 울릉군 울릉읍 약수터길 90-17번지
- 📞 054-790-6432~6
- 🌐 www.dokdomuseum.go.kr

경상북도 울릉군 울릉읍에 위치한 독도박물관은 국내 유일의 영토박물관으로 1995년 울릉군과 삼성문화재단의 기증을 바탕으로 지어져 1997년 8월 8일 개관하였다.

박물관 외관은 독도의 옛 이름인 '삼봉도'에서 착안하여 세 개의 큰 바위 모양에 동해의 일출을 형상화했으며, 개관 이후 1999년에는 울릉도 자연석 828개로 조성된 축대 위에 박물관의 건립 정신을 새긴 표석을 세우는 등 야외 환경도 조성했다.

내부는 초대 관장인 서지학자 이종학 선생이 30여 년간 수집하여 기증한 자료, 독도의용수비대 홍순칠 대장의 유품, 독도의용수비대 동지회 등 독도에 대한 모든 자료를 보여주는 공간으로 꾸며 놓았다. 1층에는 제1전시실과 제2전시실, 중앙 홀, 휴게실이 있으며 2층에는 제3전시실과 자연생태 영상실, 전망 로비 등이 있다. 각 전시실에는 독도가 대한민국 영토로 표기된 지도와 전적, 독도의용수비대의 활약상을 담은 사진, 독도의 생태사진 등이 전시되어 있고, 자연생태 영상실에서는 대형 스크린을 통해 독도의 사계절을 보여 준다.

독도박물관은 독도에 관련된 자료를 끊임없이 발굴·수집하고 연구하여 전시·교육하고 있으며 각종 학술대회를 개최하고 자료집을 발간하여 독도에 대한 국민의 영토의식을 고취시키는 데 이바지하고 있다.

독도박물관 전경 ⓒ 독도박물관

독도박물관 전시실 내부 ⓒ 독도박물관

도심에서 만나는 독도,
독도체험관

- ⏰ 오전 10시 ~ 오후 5시
- 📅 매주 월요일 및 신정, 구정, 추석 연휴
- 📍 서울특별시 서대문구 통일로 81 NH농협생명빌딩
  서관 지하 1층
- 📞 02-2012-6100
- 🌐 www.dokdomuseumseoul.com
- ⓘ 예약하는 경우, 전시 해설과 4D 영상 관람 가능
  (인터넷 사전 예약제로 진행)

서울특별시 서대문구에 위치한 독도체험관은 아동·청소년에게 독도에 대한 올바른 정보와 인식을 전하고자 동북아역사재단이 설립한 박물관이다. 70여 년간의 조사와 연구 성과를 바탕으로 독도의 자연과 역사를 생생하게 체험할 수 있도록 만들었다.

이곳은 크게 '역사 미래관'과 '자연관', '4D 영상관'으로 구성되어 있는데, '역사관'은 특수 영상과 기록물 전시를 통해 1,500년 독도 역사를 소개하고 있으며, '자연관'은 독도의 지리, 지질, 기후, 생태계, 독도 주변 해역의 자연 조건 등을 살펴 볼 수 있도록 했다. 특히 '자연관' 중앙에 설치한 대형 모형을 통해 마치 독도를 위에서 내려다 보듯 한눈에 볼 수 있으며, '4D영상관'에서는 특수 제작된 영상과 기술로 독도 인근 바다 속에 들어간 것 같은 가상 체험을 경험 할 수 있다. 또 전시 관람 후에는 독도 신문 만들기와 독도경비대원들에게 엽서 쓰기를 할 수 있다.

독도체험관 자연관 ⓒ 동북아역사재단

즐겁게 배우는 독도,
독립기념관 독도학교

충청남도 천안시 동남구 목천읍 삼방로 95 독립기념관
교육센터

041-555-2136

dokdo.i815.or.kr

학교에 보급하는 독도학교 교구와 교재 ⓒ 독립기념관 독도학교

2013년 2월 28일 개교한 독립기념관 독도학교는 독도의 역사와 문화에 대해 배울 수 있는 교육 중심 기관이다. 독도학교는 국민 모두가 독도의 역사와 자연, 아름다운 모습을 배우고 체험하면서 우리 땅 독도를 알고 사랑하는 마음을 키울 수 있도록 다양한 교육 프로그램을 진행하고 있다.

초등학교 고학년을 대상으로 진행되는 '독도는 어떤 모습일까요?', 중·고등학생을 대상으로 하는 '독도는 우리 땅'을 비롯해, 어린이와 청소년을 포함한 가족을 대상으로 진행되는 가족 캠프 '독도야, 놀자!', 그리고 관람객을 대상으로 진행되는 '전시관에서 살펴보는 독도 이야기' 등의 프로그램이 있다. 특히 독도의 역사 자료와 탐구 활동, 독도 입체 지형도 만들기, 독도사랑 엽서 보내기 등으로 1박 2일간 진행되는 가족 캠프는 인기 프로그램이다.

이외에도 선생님들이 학교 현장에서 독도학교 교구재를 활용해 독도 역사 교육을 진행할 수 있도록 교원교육을 진행하며, '독도의 역사, 자연 지키기 3차 프로그램'과 교사 학습 지도 자료 및 학생 교재를 매년 독립기념관에서 지정한 초등학교에 배부하고 있다. 독도학교 교장인 서경덕 성신여대 교수는 국내외 도시를 직접 찾아다니며 '찾아가는 독도학교' 교육도 병행 중이다.

[독립기념관 독도학교 프로그램 안내]

• 초등 고학년 단체 교육 '독도는 어떤 모습일까요?'
  1 ~ 2월 일괄 모집, 1일(10 ~ 15시) 진행

• 중·고등학생 단체 교육 '독도는 우리 땅'
  1 ~ 2월 일괄 모집, 3시간 진행
  (신청 학교가 시작 시간 선택 가능)

• 가족 캠프 '독도야, 놀자!'
  - 국외 가족 교육은 6월 중 2회 운영
  - 국내 가족 교육은 4 ~ 6월 둘째 주 토 ~ 일요일,
    9 ~ 10월 첫째 주 토 ~ 일요일 진행
    (모집 및 참가비는 독립기념관 소식 참조)

• 관람객 대상 프로그램 '전시관에서 살펴보는 독도
  이야기'
  5 ~ 6월, 9월 둘째 주 토 ~ 일요일, 10월 넷째 주 진행
  당일 2전시관 현장 접수 후 교육 참여

독도학교 가족캠프 ⓒ 독립기념관 독도학교

독도학교 독도 현장 답사(플래쉬몹) ⓒ 독립기념관 독도학교

독도의 생태를 연구하는
경북대 울릉도·독도연구소

조사 중인 연구원들 ⓒ 경북대 울릉도·독도연구소

(좌) 경북대 울릉도·독도연구소 학술대회 포스터
ⓒ 경북대 울릉도·독도연구소
(우)『독도의 자연 이야기 - 곤충편』
ⓒ 경북대 울릉도·독도연구소

독도를 테마로 하는 다양한 문화행사가 열리고 '우리 땅 독도 알리기'에 정부도 노력을 기울이고 있지만, 독도 관련 학술 연구·조사에 대한 관심과 이해는 상대적으로 부족한 것이 현실이다. 이런 문제를 인지하여 독도 관련 학술 연구를 통해 보전 방안을 마련하고, 나아가 생태관광자원까지 개발하겠다는 목적으로 세워진 곳이 경북대 울릉도·독도연구소이다.

2004년 10월부터 박재홍 소장(경북대학교 자연과학대학 교수)을 중심으로 10년 동안 독도 천연보호구역 모니터링 사업을 진행한 독도연구소는 신종 미생물 발견, 간행물 발간, 논문 발표 등의 성과를 거두었다. 특히 최근에는 여러 해 동안 축적된 연구 자료를 바탕으로『독도의 자연이야기 포켓북』을 분류군별로 발행하였다. 뿐만 아니라 매년 다양한 학술대회와 아홉 차례의 정기 세미나를 개최하고 연구원들이 직접 촬영한 사진으로 기획전도 연다.

독도연구소는 그동안의 연구 결과를 토대로 "독도 생태계는 전반적으로 건강하게 유지되고 있으나, 외래종의 유입과 서도의 지형 변화, 물골의 수질 오염 등에 관심을 갖고 지속적인 관찰 연구가 필요하다"고 지적하고 있다.

교육부에서 운영하고 있는
상설 독도전시관

지역	소관 기관	전화번호
서울	서울특별시 서대문구 통일로 81 NH농협생명빌딩 서관 지하1층 동북아역사재단	02-2012-6100
경남 진주	경상남도 진주시 진성면 진의로 178-35 경상남도 과학교육원	055-760-8150
전북 고창	전라북도 고창군 아산면 삼인리 81 삼인종합학습원	063-562-1569
충북 진천	충청북도 진천군 백곡면 사송3길 17 충북학생교육문학관	043-532-8262
경기 수원	경기도 수원시 권선구 권중로 55 경기평생교육학습관	031-259-1086
대전	대전광역시 유성구 대덕대로 507-50 대전교육과학연구원	042-865-6300
인천	인천광역시 중구 자유공원로 12 인천학생교육문화회관	032-760-3400
전남 여수	전라남도 여수시 관문동 1길 39 전라남도 여수교육지원청	061-690-5566
대구	대구광역시 수성구 동대구로 172 대구광역시 과학교육원	053-231-1155
광주	광주광역시 서구 학생독립로 30 광주학생 독립운동기념관	062-221-5531
경북 안동	경상북도 안동시 강남구 152 경상북도 교육연구원	054-840-2100
세종	세종특별자치시 새롬서로 68 새롬고등학교	044-999-6300

대한민국 외교부 독도

dokdo.mofa.go.kr

독도의 영토 주권과 관련된 각종 정보를 수록해 놓은 외교부 개설 사이트다. 독도에 대한 우리 정부의 기본 입장과 이에 대한 근거, 관련 법령, 독도의 자연과 생활환경을 담은 각종 사진과 영상 자료, 일본의 독도 침탈에 대한 인식 및 대응 기록 등 다양한 정보를 전 세계 사람들이 볼 수 있도록 영어와 중국어를 비롯해 11개국 언어로 번역해 놓았다. 또 독도를 알기 쉽게 소개하는 팸플렛과 리플릿을 pdf 파일로 다운로드하거나 이메일로 전송 요청할 수 있도록 방문자의 편의를 돕고 있다.

사이버 독도

www.dokdo.go.kr

경상북도에서 운영·관리하는 사이버 독도는 독도에 대한 모든 정보를 열람할 수 있는 인터넷 사이트다. 독도의 역사와 자연기후, 지형, 해저 자원, 생태 등, 일반 현황 등 개관적인 정보를 기본으로 독도의 사진과 실시간 영상, 노래 악보, 간행물 등 다양한 시각 정보를 이용할 수 있다. 또 독도 관련 뉴스가 담긴 독도 뉴스레터와 이벤트·행사·공모전 소식도 볼 수 있다. 특히 사이버 독도는 영어, 중국어, 일본어로도 서비스되기 때문에 독도에 대해 궁금한 외국인들에게 유용하고, 독도가 우리 영토임을 해외에 알리는 일에도 효과적으로 이용될 수 있다.

독도관리사무소

🌐 www.intodokdo.go.kr

독도에 거주하지 않지만 한 번이라도 독도를 방문했다면 독도명예주민증을 발급받을 수 있다. 독도를 방문하고 돌아오는 배에서 신청할 수 있는데, 만약 못했다면 인터넷 사이트 독도관리사무소에서 간편하게 신청할 수 있다. 본인 인증 과정과 우편물 수령지를 입력하면 등기 우편으로 독도명예주민증을 받을 수 있다. 단, 독도에 들어간 승선권의 번호가 필요하기 때문에 승선권이 없으면 신청이 불가하다. 발송 비용은 독도관리사무소에서 부담하기 때문에 무료이며, 수령까지는 신청 후 약 2주 정도의 시간이 소요된다.

독도종합정보시스템

🌐 www.dokdo.re.kr

한국해양연구원에 소속된 독도전문연구사업단에서 만든 독도 종합 지식정보 사이트다. 소중한 우리 땅 독도를 해양과학으로 지켜나가겠다는 의지로 개발한 독도종합정보시스템은 독도와 그 주변 해역의 해양과학 연구 조사와 결과에 관한 자료뿐 아니라 기존 자료까지 종합하여 독도에 관한 체계적인 정보를 제공한다. 독도의 자연, 생태 등의 사진과 동영상, 독도와 그 주변 해양 환경의 위성 영상 등을 통해 독도의 자연 환경을 간접 체험할 수 있다.

class
12

독도 문화 활동

1982년 가수 정광태 씨가 <독도는 우리땅>이라는 노래를 발표한 이후, 독도에 대한 우리 국민들의 관심과 애정은 다양한 방식으로 표출되고 있다. 독도 사진, 그림, 시詩 등 문학과 예술작품을 비롯해 콘서트, 청소년 캠프 등 문화 행사·홍보 활동이 이어지고 있는 것이다. 해를 거듭할수록 다채로워지는 독도 문화 활동을 알아보자.

세 번의 독도 우표 발행

우리나라 최초 발행 독도 우표는 1954년 9월, 정보통신부의 전신인 체신부가 제작한 3종의 독도 전경 우표다. 서도와 촛대바위, 삼형제굴바위를 담은 2환·5환짜리 우표가 각각 5백만 장, 동도의 전경을 담은 10환짜리 우표 2천만 장으로 총 3천만 장이 인쇄되었다. 이 우표가 발행되자 당시 독도 영유권 주장을 시작한 일본 외무성은 독도 우표가 붙은 우편물을 받지 않겠다고 공표하였으며, 만국우편연합UPU 규정에 따라 우편물을 받게 되자 독도 우표에 먹칠을 해서 배달하거나 반송하는 해프닝을 벌였다.

독도 우표는 두 차례 더 발행되었는데, 먼저 2002년 8월 '내 고향 특별 우표' 시리즈로 동도와 서도의 전경을 담은 액면가 190원짜리 독도 우표 1종이 90만 장 발행되었다.

2004년 1월에는 독도의 갯메꽃·왕해국·슴새·괭이갈매기를 그려 넣은 4종의 우표가 각각 56만 장씩 발행되었다. 이 우표가 발행되자 일본은 외무성을 통해 발행 금지를 공식 요청하였고, 당시 고이즈미 준이치로小泉純一郎 총리는 '독도는 일본 땅'을 공식 주장하고 나섰다. 일본의 일부 우익단체들이 선박으로 해상시위를 벌이며 독도 상륙을 시도하는 등 양국 간 긴장이 고조되기도 했다. 결국 일본우정공사에서도 민간의 요청으로 독도 사진을 넣은 우표 360장을 발행하였으며, 계속되는 일본의 독도 영유권 주장을 비판하던 북한도 2004년 6월 '조선의 섬 독도'라는 제목으로 독도 우표를 발행하였다.

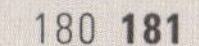

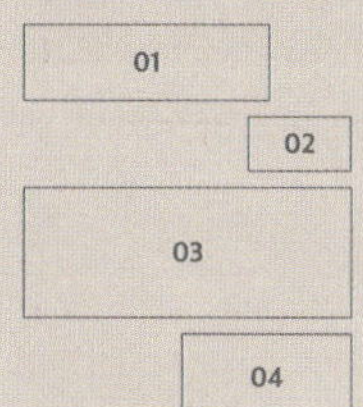

01 보통 우표(1954) ⓒ 우정사업본부

02 내 고향 특별 우표(2002) ⓒ 우정사업본부

03 조선의 섬 독도(2004) ⓒ 연합뉴스

04 '독도의 자연' 시리즈(2004) ⓒ 우정사업본부

독도를 주제로 한 축제

대한민국 독도문화 대축제

(재)독도재단이 주관하는 행사로 매년 10월 한강시민공원에서 축제를 연다. 독도 걸개 그림 콘테스트, VR 독도 체험, 청소년들의 독도사랑 플래시몹, 외국인 유학생 대상 골든벨 퀴즈, 독도 수호 퍼레이드, 뮤지션 공연 등 해마다 다채로운 행사에 3천여 명이 참여하는 명실공히 국내 최대 독도 문화행사다.

삼척동해왕 이사부 독도축제

독도를 우리 영토로 만든 신라장군 이사부의 해양 개척 역사와 진취적 정신을 기리고자 매년 가을 강원 삼척에서 열리는 행사다. 사자상 전함 제작 경주대회, 이사부 인형극, 장군 복식체험, 사자가면 만들기, 독도 토크 콘서트, 불꽃놀이 등의 프로그램이 진행되며 플리마켓과 먹거리 존이 마련돼 지역민과 관광객들의 발길을 사로잡는다.

대한민국 독도문화 대축제 ⓒ (재)독도재단

삼척동해왕 이사부 독도축제 ⓒ 삼척시청

독도어울림축제

포항MBC가 독도의용수비대의 국토 수호 정신을 기리기 위해 2009년부터 매년 여름 울릉도에서 개최하는 문화행사다. 행사 초기에는 울릉도와 독도에서 개최되는 철인3종대회가 중심이었으나 지금은 포크&락 페스티벌, 국악 한마당 등 다양한 장르의 음악으로 독도를 노래하는 축제가 되었다.

독도사랑 나라사랑 댄스 페스티벌

2015년부터 (사)독도사랑운동본부와 (사)한국나라사랑댄스협회가 공동 주최해 온 행사로 독도와 나라사랑, 태극기 등을 주제로 창작 댄스 경연을 펼치는 대회다. 해마다 다양한 연령층의 전국 댄스 동호회 회원들이 팀을 꾸려 참여하며, 독도 강연과 축하공연 등의 부대행사도 있다.

독도어울림축제 © 울릉군청

독도사랑 나라사랑 댄스 페스티벌 © (사)독도사랑운동본부

독도를 주제로 한 공모전

독도문예대전

독도 영토 주권에 대한 올바른 인식과 수호 의지를 예술로 승화시키고자 (사)한국예총경상북도연합회가 2011년부터 매년 주관해 온 전국 공모전이다. 동해바다, 울릉도, 독도 풍경, 독도 수호 인물을 주제로 창작된 문학 / 미술(회화, 서예) / 영상 작품을 대학·일반부와 청소년부로 나누어 시상한다. 심사를 통해 선정된 우수작들은 일정 기간 독도박물관에 전시되며 상장과 상금이 수여된다.

독도 국제 기념품 공모전

대구경북공예협동조합 주관으로 2008년부터 격년으로 시행하는 공모전이다. 전 세계에 독도의 아름다움을 알릴 창의적 기념품을 발굴하고, 지역경제 활성화에 기여하려는 목적으로 실시하고 있다. 자격 제한은 없고 외국인도 참여 가능한데 민·공예품 / 공산품 / 가공기능식품 등의 시제품이나 상품 시안을 개인 및 단체당 2작품까지 출품 가능하다.

제6회 독도문예대전 대상('절경' 이상민 作)
© (사)한국예총경상북도연합회

제5회 독도 국제 기념품 공모전 대상('독도를 품다' 손인익·배윤정 作)
© 대구경북공예협동조합

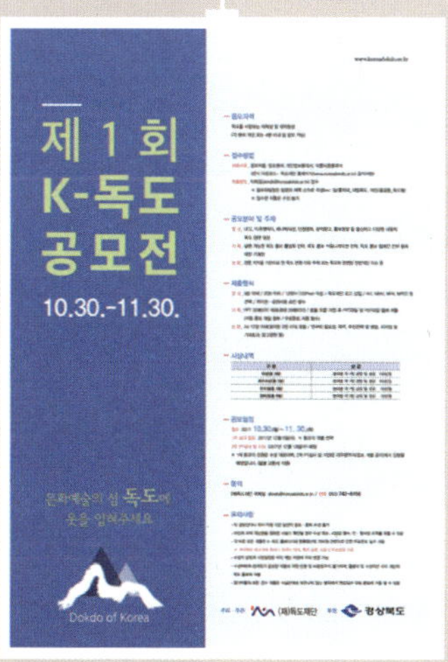

K - 독도 공모전

뉴미디어 시대의 다양한 독도 콘텐츠를 생산하기 위해 (재)독도재단이 전국의 대학(원)생을 대상으로 실시하는 행사다. 다큐, 애니메이션, UCC 등 다양한 내용을 담은 독도 영상 / 독도 홍보 전략을 담은 기획서 / 전문 지식을 기반으로 독도 이슈를 다룬 논문 총 3개 분야로 공모하며, 대상부터 장려상까지 총 18팀을 선정해 시상한다. 수상작은 K-독도 홈페이지에 등록된다.

2018 울릉도 독도 사진 공모전

'울릉도·독도의 섬과 생물, 그리고 삶'이라는 주제로 울릉도와 독도의 자연사를 담은 사진을 공모하는 행사다. 국립중앙과학관이 주관하며, 대상에게는 최고 300만 원의 상금을 수여한다. 응모를 원하는 사람은 해상도 300dpi 이상의 JPG JPEG 파일을 공모전 홈페이지에 온라인 접수하면 되는데, 1인 2작품까지 가능하나 합성사진은 출품할 수 없다.

제1회 K-독도 공모전 대상('10대들에게 인정받을 독도 홍보 캠페인 전략 기획서' 민지연 作) ⓒ (재)독도재단

2018 울릉도 독도 사진 공모전 대상('독도 비경') ⓒ 국립중앙과학관

독도 관련 캠프

청소년 독도 수비리더 캠프 ⓒ 국립청소년해양센터

청소년 독도 수비리더 캠프

여성가족부와 국립청소년해양센터가 청소년들에게 울릉도와 독도의 자연과 역사를 체험하고 이해할 수 있는 기회를 제공하고자 진행하는 캠프다. 4박 5일 혹은 5박 6일의 일정 동안 독도 역사 교육과 독도 탐방 및 울릉도 해안 트레킹, 해양과학기지와 독도박물관 견학 등을 하며 캠프 활동을 UCC 영상으로 제작해 SNS에 홍보하고 있다.

사이버 독도사관학교 독도 탐방 캠프 ⓒ 반크

사이버 독도사관학교 독도 탐방 캠프

사이버 외교사절단 반크와 경상북도가 주관하며 디지털 독도 외교대사, 글로벌 독도 홍보대사 등 반크의 주요 활동에서 우수한 성과를 보인 청년들을 대상으로 실시한다. 주제 특강, 독도·동해 표기 시정 방안 경진대회, 독도 정상에 올라 찍은 사진 홍보하기, 독도 홍보 방안 조별 상황극 등 다양한 활동이 3박 4일간 이루어진다.

'독도의 날' 제정

2000년 민간단체인 독도수호대는 매년 10월 25일을 '독도의 날'로 지정하고, 2005년부터 국가기념일로 제정하기 위해 서명운동을 펼치고 있다. 10월 25일은 1900년 고종 황제가 '대한제국 칙령 제41호'를 선포해 독도를 울릉도 관할 지역으로 명시하여, 대한제국의 영토로 재확인한 날이며, 전문 6개조로 이루어진 칙령 제41호 1조와 2조의 내용은 다음과 같다.

> 제1조. 울릉도(鬱陵島)를 울도(鬱島)로 개칭해서 강원도에 부속시키고, 도감(島監)을 군수(郡守)로 개정하여 관제에 편입하며 군의 등급을 5등으로 한다.
> 제2조. 군청의 위치는 태하동(台霞洞)으로 정하고, 구역은 울릉전도(鬱陵全島)와 죽도(竹島), 석도(石島)를 관할한다.

제2조에서 명시한 석도가 당시 '돌섬'이라 불리던 독도를 가리키는데, 이 칙령을 통해 독도는 울릉 군수가 관할하는 우리 영토였음을 대외적으로 공식화했다는 의미를 갖는다. 이는 일본 시마네현이 독도를 공식 편입했다고 주장하는 1905년보다 5년이나 앞선 시기다.

경상북도 의회는 2005년 조례안을 가결하여 매년 10월을 '독도의 달'로 정하였고, 2010년 한국교원단체총연합회는 경술국치 100주년을 기념해 전국 시·도 교총, 우리역사교육연구회, 독도학회 등과 10월 25일을 전국 단위 독도의 날로 선포하였다.

고종황제 ⓒ 한국학중앙연구원

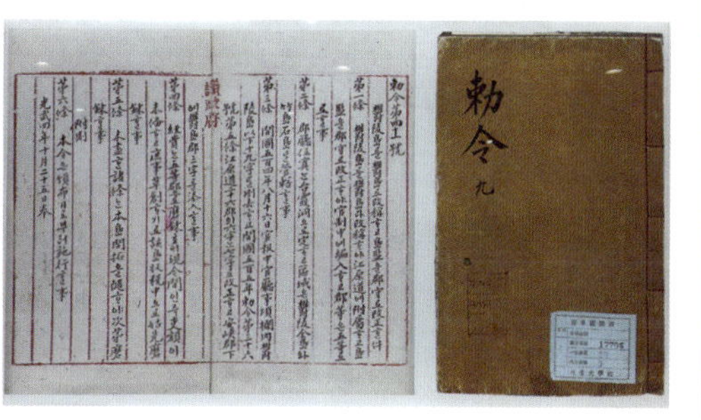

대한제국 칙령 제41호 ⓒ 서울대학교 규장각 한국학연구원

class
13

독도와 함께한 사람들

독도에 사람이 들어가서 살기 시작한 것은 1953년 독도의용수비대가 조직되면서부터다. 이후 1981년 울릉도에 살던 주민 최종덕 씨가 민간인으로는 최초로 독도에 주민등록 전입을 했고, 오늘날에는 김성도 김신열 씨 부부를 비롯해 독도경비대와 등대원까지 약 50여 명이 독도를 생활터전으로 삼고 있다. 역사 속에서 독도와 함께했던 인물들과 지금도 독도와 함께하는 사람들을 만나 보자.

지략으로 우산국을 점령한 신라 장군 이사부

우리 역사 속 문헌에서 가장 먼저 울릉도·독도와 함께 등장한 인물은 이사부異斯夫다. 독도는 과거 명칭이 우산도于山島였고 당시 울릉도와 함께 우산국으로 불렸는데, 『삼국사기』 권44 이사부 열전에 신라 장군 이사부가 어떻게 우산국을 점령해 신라 땅으로 복속시켰는지 그 과정이 나와 있다.

> "至十三年壬辰 爲阿瑟羅州軍主 謀幷于山國 謂其國人愚悍 難以威降 可以計服 乃多造木偶師子 分載戰舡 抵其國海岸 詐告曰 汝若不服 則放此猛獸 踏殺之 其人恐懼則降"

이사부는 지증왕 13년(512년)에 하슬라주(지금의 강릉 지역)의 군주가 되어 우산국을 병합하려 하였다. 그는 우산국 사람들이 미련하고 사나워 위엄으로 복종시키기는 어려우니 꾀로 항복시키는 것이 좋겠다고 생각하고, 나무로 사자 형상을 만들어 전함에 나누어 실은 뒤 우산국 해안에 가서 속여 말했다. "너희들이 만약 항복하지 않는다면 이 맹수들을 풀어 너희를 밟아 죽이도록 하겠다." 그러자 우산국 사람들이 두려워하며 즉시 항복하였다.

이사부 표준 영정 ⓒ 삼척시립박물관

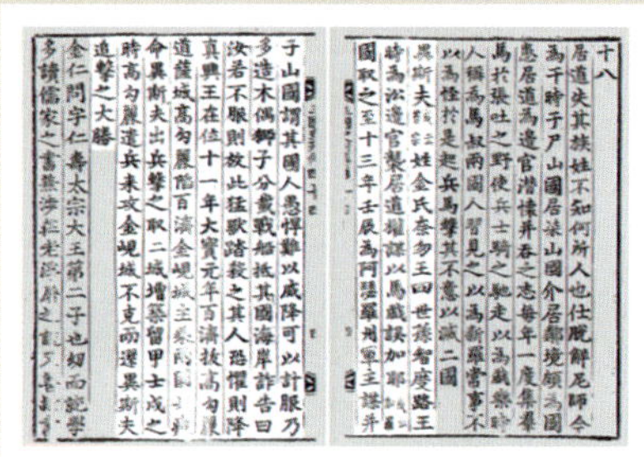

『삼국사기』 권44 이사부열전 ⓒ 한국학중앙연구원

육지로부터 멀리 떨어진 섬에 살던 사람들이 맹수를 제대로 보았을 리 없고, 그런 그들에게 비록 나무였으나 멀리 흐릿하게 보이는 거대한 짐승의 형상은 매우 공포스러웠을 것이다. 이러한 적의 상황과 심리를 잘 이용한 이사부는 싸움 없이 전투에서 승리하는 최상의 결과를 얻었다. 이후 우산국 사람들은 매년 신라에 토산물을 바쳤고, 고려와 조선의 지배를 받는 우리 영토가 되었다.

이사부는 정확한 출생과 사망 연대를 알 수 없으나 신라 내물왕의 4세 손으로 지증왕부터 진흥왕까지 신라의 중흥기를 이끈 장수이자 관리였다. 일찍이 무예를 익혀 오늘날의 강원도 삼척인 실직주悉直州 군주가 된 뒤 고구려와 백제의 성을 빼앗아 신라의 영토 확장에 크게 기여하였고, 541년에는 신라 최고 관직 중 하나인 병부령兵部令이 되었으며, 이후 가야를 멸망시켜 낙동강 하류 지역을 장악하였다. 장수로서의 능력 뿐 아니라 나라를 안정시키고 대륙의 선진 문물을 받아들이는 데도 앞장섰던 이사부는 진흥왕에게 국사國史 편찬의 중요성을 진언하여 거칠부居柒夫로 하여금 신라의 국사를 편찬케 하기도 했다.

오늘날 독도 동도의 주소가 '독도이사부길'로 명명되고, 강원 삼척에서 이사부의 업적을 기념하고자 '이사부사자공원'이라는 가족 테마파크를 조성한 것은 장수로서 그의 지략과 활약상을 높이 샀기 때문일 것이다.

안용복 동상 ⓒ 부산 수영구청

온몸으로 울릉도·독도를 지켜낸 어부 안용복

안용복은 조선시대 울릉도와 독도를 수시로 드나들던 일본 어부들과 조업권을 놓고 갈등을 빚다가 두 차례 일본으로 건너가 "울릉도와 독도는 조선 땅"임을 당당히 주장하고 온 인물이다. 안용복의 생애에 대한 정확한 기록은 없으나 조선 후기 실학자 이익이 쓴 『성호사설星湖僿說』에 따르면 그는 경상 좌수영의 동래東來 수군 출신으로 왜관에 출입하며 일본어를 익혔다고 한다.

1693년 4월, 어민들과 함께 울릉도에 조업하러 간 안용복은 당시 울릉도·독도를 자신들의 영지처럼 드나들던 일본 돗토리 번의 오야·무라카와 가문 어민들과 다툼을 벌이게 되었다. 그들은 "울릉도와 독도는 명백한 조선 땅"임을 주장하는 안용복 일행을 일본으로 데려갔고, 안용복이 불법 납치와 구금에 항의하자 조사를 마친 뒤 나가사키와 쓰시마를 거쳐 조선에 돌려보냈다.

이 일을 계기로 조선과 일본 사이에 울릉도의 귀속 여부를 둘러싼 외교 논쟁이 벌어졌고, 1694년 조선 조정도 오랜 시간 쇄환정책刷還政策으로 방치해 둔 울릉도에 관리를 파견하는 등 영토 수호에 나서게 되었다. 마침내 1696년 1월, 에도 막부가 일본 어부들에게 조선 영토인 울릉도로 건너가지 말라는 이른바 '죽도 도해 금지령竹島渡海禁止令'을 내린 것으로 사건은 일단락되는 듯 보였다.

그러나 억울하게 납치되어 범죄자 취급까지 당한 안용복은 그해 5월, 다시금 울릉도에서 일본 어선을 발견하자 그들을 쫓아 일본으로 향했다. 이번에는 울릉도와 독도가 조선 땅임을 명시한 「조선팔도지도」와 자신의 신분을 고위 관료로 위장할 관복까지 치밀하게 준비한 상태였다. 안용복은 에도막부의 쇼군을 만나 이 문제를 확실히 매듭짓고 다시는 일본 사람들이 조선 영토를 넘보지 못하게 할 생각이었던 것이다. 하지만 안타깝게도 자신을 '울릉자산양도감세장[1]鬱陵子山兩島監稅將'으로 소개한 신분은 탄로 났고, 안용복은 그길로 조선으로 송환되고 말았다.

1696년 8월, 조선에 돌아온 안용복은 나라의 허가 없이 국경을 넘은 죄, 관리를 사칭하여 국가 간의 일을 논의하려한 죄 등이 더해져 가혹한 형벌을 받을 위기에 처한다. 다행히 일개 어부의 신분이지만 위험을 무릅쓰고 다른 나라에 건너가 당당히 우리 영토를 주장한 공로를 인정받아 사형 대신 유배형을 받는 것으로 마무리되었다.

이후 안용복의 행적은 전해지는 바가 없지만 그가 유배지로 떠난 뒤 독도 인근 바다에서 일본 어부들은 자취를 감췄다고 한다. 이처럼 자신의 안위를 돌보지 않고 우리 영토와 자원을 지키기 위해 필사적으로 나선 안용복의 용기 있는 행동은 오늘날 많은 사람들에게 귀감이 되고 있다. 안용복장군기념사업회는 그의 업적을 기려 1967년 부산 수영공원에 안용복 동상과 충혼탑을 세웠고, 울릉군은 2013년 울릉도 북면에 안용복기념관을 건립했다.

안용복기념관 ⓒ 경상북도 울릉군청

---

1 울릉자산양도감세장 : 울릉과 자산 두 섬의 조세를 담당하는 관리

최종덕 씨 가족 ⓒ 최은채

최종덕 씨 ⓒ 독도최종덕기념사업회

최초이자 영원한, 독도 주민 최종덕

1981년 10월 14일, 대한민국 국민의 주민등록등본에 '경상북도 울릉군 울릉읍 도동 산67번지' 라는 주소가 기재되었다. 독도 최초의 민간 거주자인 최종덕崔鍾德, 1925-1987 씨. 울릉도의 평범한 어부였던 그는, 1963년 우연히 독도를 발견한 뒤 독도에서 어업을 하며 생활을 영위했다. 처음 서도의 벼랑 어귀에 움막을 짓고 지내기 시작한 최 씨는 서도에서 유일하게 담수가 나오는 물골을 발견하자 그곳까지 닿는 998개의 계단을 직접 만들고, 자비를 들여 동도와 서도를 잇는 전화를 개통했으며, 저장 창고 등을 만들어 독도를 사람이 살 수 있는 공간으로 변모시켰다. 독도에서 생산된 해산물을 판매한 수익은 다시금 독도에 재투자하는 방식이었다. 이렇게 독도가 조금씩 마을의 형태를 갖춰가자 1979년에는 아예 가족들까지 데리고 들어와 본격적으로 독도 생활에 들어갔다.

그러던 중 1980년 일본이 독도 영유권 주장에 나서자 최 씨는 정부에 건의해 독도를 주민등록 상 주소지로 옮겼고, 이후 딸·사위 부부와 손자까지 3대를 이루며 독도에서 살았으나 아쉽게도 그 시간이 길지는 못했다. 1987년 태풍 다이애나로 파괴된 시설물 보수를 위해 육지에 나갔던 최 씨가 뇌출혈로 쓰러져 생을 마감했던 것이다. 지금 독도에는 2대 주민인 김성도 김신열 부부 가 살고 있지만 독도를 사랑하는 마음으로 나무 한 그루, 바위 한 개까지 가꾸고 매만진 최종덕 씨의 손길이 없었다면 유인도有人島로서 독도의 모습은 한결 늦어졌을 것이다.

나라가 힘들었던 시기, 스스로 나선 독도의용수비대

광복 이후 분단과 6·25 전쟁 등으로 나라가 혼란스럽던 시기, 일본 어민들이 독도 해역에서 조업을 벌이거나 독도에 무단 상륙해 표지목을 세우는 사건이 빈번하게 일어났다. 이에 울릉도 주민이자 한국전 참전용사였던 홍순칠洪淳七, 1929-1986 씨가 청년들을 모아 '독도의용수비대'라는 이름으로 독도 경비 활동에 나섰다.

독도의용수비대는 대장 홍순칠을 중심으로 2개의 전투대, 후방지원대, 교육대, 보급대의 5개 조로 나뉘어 활동했다. 1954년 5월 독도에 상륙한 수비대는 일본 해상보안청 순시선 상륙 저지와 어업실습선 추방 등 총 여섯 차례에 걸친 일본의 침범 시도를 막았으며, 일본이 몰래 세운 영토 표지목을 제거하고, '한국령韓國領' 비석을 설치했다. 무엇보다 그들은 식수나 식량, 잠자리 등 열악한 환경에도 자발적으로 나서 "독도를 지킨다, 어민을 보호한다, 자원을 지킨다"는 서약을 지키기 위해 노력한 민간조직이라는 점에서 의미가 크다.

독도의용수비대는 1953년 7월 울릉경찰서에서 조직한 독도순라반과 함께 독도 수비 활동을 계속하다가 1954년 12월, 대원 중 9명이 경찰관으로 특채되기도 했다. 1996년 그간의 공로를 인정받아 정부로부터 훈장을 수여받았으며, 2008년 독도의용수비대 기념사업회가 공식 출범하면서 2017년 울릉군 북면에 독도의용수비대기념관이 건립되었다.

독도 경비초사 및 표석 제막 기념 사진(1954.8.28) © (재)독도의용수비대기념사업회

독도를 지키는 청년 경찰, 독도경비대

경찰이 본격적으로 독도에 상주하며 경비를 담당한 것은 1955년 1월이다. 1954년 8월 독도에 경비 초사를 건립한 뒤 독도의용수비대원을 특채하여 상주시키기 시작했다. 이후 318 전투경찰대1984년와 레이더기지1993년를 창설하였으며, 1996년 318 전투경찰대와 독도경비대를 통합해 경북지방경찰청 직할 울릉경비대 소속 독도경비대로 재편하여 오늘에 이르고 있다.

그동안 독도경비대로 근무하며 안타깝게 순직한 경찰관도 있다. 대부분 경계 근무 중 실족하거나 보급품 수송 중 해상에 추락해서 사고를 당한 경우인데, 동도의 독도경비대 관사 앞에는 이들을 기리기 위한 순직위령비가 세워져 있다.

현재 독도경비대는 4개의 지역대가 울릉도와 독도를 50일씩 순환근무하며, 약 30여 명의 대원은 첨단 과학 장비를 활용해 24시간 해안경계 임무를 담당한다. 유사시 인근 해경, 해군, 공군과의 통신으로 영해 침범 세력을 관계 기관에 통보하고, 불법으로 독도에 접안하는 이들을 체포 혹은 나포하는 역할을 맡고 있다. 또 3~10월까지 여객선이 들어오면 접안지에서 독도 관광객의 안전 유지를 위한 근무도 한다.

독도경비대원은 2011년부터 의무경찰 홈페이지를 통해 공개 모집하여 선발하는데 입대 경쟁률이 평균 15대 1을 넘을 만큼 독도에 대한 우리 청년들의 관심과 사랑이 뜨겁다.

독도경비대 ⓒ 경찰청 공식 블로그

APPENDIX

독도 연표

삼국시대

6월
신라의 이사부가 우산국을
정벌하여 신라에 복속시킴

512년

고려시대

8월
우산국이 고려 왕건에게
토산물을 바침

930년

조선시대

8월
조선 태종이 울릉도에 살던 백성들을
한반도 본토로 데려오는 쇄환정책 명령

1403년

『세종실록』 지리지 편찬
- 무릉(울릉도)과 우산(독도)은
  조선의 영토임을 표시

1454년

『신증동국여지승람』 편찬
<팔도총도>와 무릉도(울릉도)와
우산도(독도)가 조선의 영토로 표시

1531년

돗토리 번 오야 가문과 무라카와 가문이
울릉도 도해 면허를 교부 받음

1625년

4월
안용복과 박어둔이 울릉도에서
일본 어부들에게 납치됨

1693년

삼척 영장 장한상이 울릉도와
독도를 조사함

1694년

1월
일본 에도 막부가 울릉도 도해 금지령 내림
- 5월 다시 일본으로 건너간 안용복이
울릉도와 독도가 조선의 땅이라고 선포

1696년

조선 숙종이 울릉도에 관리를 파견하여
다스리는 '울릉도 수토 제도' 실시

1697년

4월
일본 외무성 관리들이 '울릉도와
독도는 조선의 부속'이라는 공문서를 남김
- <조선국교제시말내탐서>에 기록

1870년

3월
일본 최고 행정 기관인 태정관이
울릉도와 독도가 일본 땅이
아니라고 확인

1877년

울릉도 검찰사 이규원이
고종의 명으로 울릉도 등지를 조사

1882년

대한 제국

10월
고종 황제가 대한 제국 칙령 제41호를
제정·반포
- 울도군의 관할 구역으로 을릉도와
죽도, 석도(독도)를 규정

1900년

2월
일본이 시마네 현 고시 제40호로
독도를 시마네 현 땅으로 강제 편입

1905년

3월
시마네 현 관리들이 울도 군수 심흥택에게
'독도가 일본 영토가되었다'고 구두로 알림.
심흥택이 강원도 관찰사 이명래에게
이를 보고하자, 대한 제국 의정부 참정대신이
'사실 무근'이라며 일본의 행동을
감시하라고 지시

1906년

대한민국

샌프란시스코 평화조약 체결
- 일본이 한국에 대한 모든 권리, 권원,
청구를 포기하는 지역에 제주도,
거문도, 울릉도를 대표적으로 명시

1951년

1월
이승만 대통령이 '해양 주권 선언'을 선포
- 독도를 한국 수역에 포함시킨 해양
주권선(평화선)을 설정

1952년

8월
독도에 무인 등대 설치

*1954*년

10월
최종덕 씨가 최초로 독도에
주민등록 등재

*1981*년

11월
독도를 천연기념물 제336호 독도
해조류 번식지로 지정

*1982*년

독도를 천연기념물 제336호 독도
해조류 번식지에서 천연기념물
제336호 독도 천연 보호 구역으로 변경

*1999*년

'독도 등 도서 지역의 생태계 보전에
관한 특별법'에 의거 독도를 특정
도서로 제1호 지정

*2000*년

일반인의 독도 관광 시작
- 일본 시마네 현에서 '다케시마
(독도)'의 날'을 제정하는 조례안 가결

*2005*년

7월
'다케시마의 날' 제정에 대응하기 위해
매년 10월을 '독도의 달'로 정하는 조례
제정

*2005*년

독도 생태계 조사 연구 목록

저자	연도	보고서 명	출판기관
정영호	1952	독도 식물채집 보고	한국생약학회
권병규	1977	울릉도 독도 답사기요 : 울릉도 및 독도의 생육상 개관	경북대학교
한국자연보전협회	1978	독도의 조류(원병오·윤무부), 절지동물(윤일병), 해안무척추동물(김훈수), 식물상(이창복)	자연보존지
	1981	울릉도 및 독도 종합학술조사보고서 : 지형(박동원·박승필), 식물상(이우철·양인석), 식생(임양재·이은복·김선호), 조류(우한정·구태회), 곤충(이창언·권용정), 버섯(홍순우·장광엽), 해양무척추동물(김훈수·최병래), 해조류(이인규·부성민), 식물성 플랑크톤(정영호), 해양저서생물상(홍재상), 해저지형(이수광·박혜숙), 인류학적 조사(한상복·이기욱)	종합보고서
이은복	1982	울릉도 및 독도의 식생에 관한 연구	중앙대학교 석사논문
우용태·홍순복	1992	독도의 조류상	섬연구회
김태정	1996	독도의 우리 꽃	집현전
영남대학교 민족문화연구소	1998	울릉도·독도의 종합적 연구	영남대학교 민족문화연구소
해양수산부	1999	독도 해양환경·수산자원 보전을 위한 기초 연구	해양수산부
환경부	2001	전국자연환경조사 : 울릉도, 독도	환경부
국립환경과학원	2007	독도 생태계 정밀조사 보고서	국립환경과학원
대구지방환경청	2007	독도 생태계 모니터링 보고서	대구지방환경청
	2008	독도 생태계 모니터링 보고서	
	2009	독도 생태계 모니터링 보고서	
	2010	독도 생태계 모니터링 보고서	
국립환경과학원	2010	기후변화에 따른 독도 및 울릉도 생태계 변화(Ⅰ)	국립환경과학원
	2011	기후변화에 따른 독도 및 울릉도 생태계 변화(Ⅱ)	

저자	연도	보고서 명	출판기관
대구지방환경청	2011	독도 생태계 모니터링 보고서	대구지방환경청
	2012	독도 생태계 모니터링 보고서	
		독도 식물의 유전체 및 유전자 분석	
국립환경과학원	2012	철새기착지로서 독도 및 울릉도 생태계 변화에 관한 연구(Ⅰ)	국립환경과학원
	2013	철새기착지로서 독도 및 울릉도 생태계 변화에 관한 연구(Ⅱ)	
대구지방환경청	2013	독도 생태계 모니터링 보고서	대구지방환경청
		독도 식물의 유전체 및 유전자 분석	
	2014	독도 생태계 모니터링 보고서	
		독도 식물의 유전체 및 유전자 분석	
국립생물자원관	2014	Vascular Plants of Dokdo and Ulleungdo Islands in Korea (국립생물자원관), 독도 주변 기각아목(포유류) 먹이대상 생물(어류) 기초조사 연구(최윤), 독도·울릉도의 곤충(권오석), 독도와 울릉도 멸종위기 해조류 탐색 및 서식지 조성을 위한 분포조사 요약보고서(최창근), 독도의 무척추동물(김사흥), 독도의 해양생물 : 연체동물(김사흥), 독도의 미기록 식물 참빗살나무 : 핵과 엽록체 DNA의 분자 마커 이용 (송임근·박선주)	국립생물자원관
박선주	2015	독도 자생식물 보전 및 관리를 위한 유전자 분석 연구	
국립생태원	2015	독도 생태계 정밀조사 보고서	국립생태원

독도 관련 법률

독도는 법적으로도 국가적 보호를 받고 있는 지역이다. 2005년 이전까지는 우리의 영토를 효율적으로 보전하는 데 중점을 두어 법령이 제정되었지만, 이후부터는 독도의 실효적 지배를 강화하기 위해 독도를 이용하고 개발하고 관리하는 데 중점을 두어 법령을 제정하고 있다.

법령명	제정 일자	제정 목적	운영 기관
독도해조류번식지 천연기념물 지정고시	1982.11.16	독도 해조류 번식지 보호	문화체육관광부
독도 등 도서지역의 생태계보전에 관한 특별법	1997.12.13	특정 도서의 다양한 자연생태계·지형 또는 지질 등을 비롯한 자연환경의 보전에 관한 기본적 사항을 정함으로써 현재와 장래의 국민 모두가 깨끗한 자연환경 속에서 건강하고 쾌적한 생활을 할 수 있도록 함	환경부
독도천연보호구역 관리지침	1999.6.1	천연기념물 제336호 독도 내 입도, 시설물 설치 및 관리에 대한 기본적인 사항을 정함으로써 국가유산인 독도를 효율적으로 보존	문화재청
울릉군 독도박물관 관리 운영 조례	1999.9.15	울릉군 행정기구 설치 조례 제11조에 의해 국민의 영토 및 역사의식에 대한 바른 인식을 위하여 울릉군 독도박물관 관리 운영 등에 관한 사항을 규정	울릉군
울릉군 독도박물관 명예관장 위촉 등에 관한 조례	2001.12.13	독도박물관의 효율적인 운영과 학술연구의 활성화 및 독도에 대한 자료 발굴, 수집 등 체계적인 연구 활동을 지원할 수 있도록 독도와 관련된 전문지식과 덕망을 갖춘 인사를 독도박물관 명예관으로 위촉하기 위한 필요 사항 규정	울릉군
독도의 지속가능한 이용에 관한 법률	2005.5.18	독도와 독도 주변 해역의 생태계 보호 및 해양수산자원의 합리적인 관리·이용 방안을 정함으로써 독도와 독도 주변 해역의 지속 가능한 이용에 이바지	국토해양부
경상북도 '독도의 달' 조례	2005.7.4	대한민국 영토인 경상북도 울릉군 울릉읍 독도리 소재 독도에 대하여 일본 시마네현 의회가 매년 2월 22일을 이른바 '다케시마의 날'로 정하는 조례를 제정한 것에 대응하기 위하여 매년 10월을 '독도의 달'로 정함	경상북도
독도의용수비대 지원법	2005.7.29	독도의용수비대 기념사업회를 설립하여 독도를 수호하기 위하여 특별한 희생을 한 독도의용수비대의 대원과 유족 등에 대하여 국가가 응분의 예우와 지원을 함으로써 그 명예를 선양하고 국민의 애국정신 함양에 이바지	국가보훈처

법령명	제정 일자	제정 목적	운영 기관
독도천연기념물고시	2006.9.14	문화재구역의 정정(101필지, 187,554m^2)	문화재청
경상북도 독도 거주 민간인 지원에 관한 조례	2006.11.2	경상북도 울릉군 울릉읍 독도리에 상시 거주하는 민간인의 생계를 지원하여 독도 정착 의욕을 고취	경상북도
정부합동 독도 영토 관리대책단 규정	2008.8.4	우리나라의 독도 영토 관리와 환경보전 관련 사항에 효율적으로 대응하기 위하여 정부부처 간 공조체계를 유지하고, 각 부처의 관련 대책을 협의·조정하기 위하여 국무총리실에 정부합동 독도영토 관리대책단을 설치	국무총리실
울릉군 독도명예주민증 발급 규칙	2010.11.10	울릉군 독도 천연보호구역 관리 조례 제11조에 의하여 울릉군 독도명예 주민증 발급 등에 관한 사항을 규정	
울릉군 울릉도 독도 해양연구센터 설치 및 위탁관리 조례	2011.3.11	울릉도·독도 주변 해역 및 이와 관련된 동해의 해양자원 조사 연구 및 개발을 위하여 울릉도·독도 해양연구센터를 설치하고, 지방자치법제104조 및 행정권한의 위임 및 위탁에 관한 규정에 의하여 시설의 위탁관리에 필요한 사항을 규정	울릉군

※ 출처 : 이범관, 「독도관련 법령의 유형과 특성연구」에서 재구성, 한국지적학회지, 제27권, 제1호, 2001.6(1) 171~175쪽

용어 색인

ㄱ

가는갯능쟁이	65
가시산호류	145
가시우무	118
가제바위	145
갈색꽃해변말미잘	134
감태	109, 110, 111, 119,
강치	146, 147, 149, 153
개밀	65, 73
개정 일본여지로정전도	166, 167
갯가재류	125
갯메꽃	180
갯민숭달팽이	125
갯제비쑥	51, 52
갯까치수염	62, 65, 66
거북손	24, 124, 130
검은머리방울새	78, 83
검은테군소	124, 138, 141
검정갯민숭달팽이	138
검정수시렁이	98
검정배줄벼룩잎벌레	103
경북대 울릉도·독도연구소	53, 176
고려사 권58 지리지 울진현조	161
괭이갈매기	16, 25, 74, 75, 76, 81, 93, 98, 104, 160
구리금파리	98
군함바위	24, 37, 38, 46
굵은나선별해면	145
긴가지해송	134
긴발벼룩잎벌레	94, 103
긴뺨모래거저리	101, 102
김성도	31, 41, 188, 192

ㄴ

나무 심기 운동	72
넙덕바위	24
눈송이갯민숭이	138

ㄷ

다섯동갈망둑	155
단애	35, 37
닭바위	25
담황줄말미잘	134
대한민국 독도문화 대축제	182
대한민국 동쪽 땅 끝 표지석	26
대한봉	24, 29
대한제국 칙령 제41호	163, 167
대황	109, 110, 119, 121
도깨비고비	62, 64
독도경비대	25, 27, 29, 51, 55, 69, 99, 103, 150, 188, 194
독도 국제 기념품 공모전	184
독도넬라 코리엔시스	151
독도대왕	149
독도 등대	25, 27, 29, 55
독도문예대전	184
독도박물관	170, 171, 184, 186
독도사랑 나라사랑 댄스 페스티벌	183
독도어울림축제	183
독도 영토 표석	26
독도의 날	187
독도의용수비대	171, 183, 188, 193
독도장님노린재	97
독도체험관	170, 172, 173
독립기념관 독도학교	174
독립문바위	25, 35, 37, 124
돌산호	131
돌피	65, 73
동국대지도	165
동도·서도 응회암	34
동백나무	59, 60, 62
동해담치	125
동해아나 독도넨시스	150, 151
되새	65, 79, 83, 85
된장잠자리	100, 101
두갈래사슬풀	118
두드러기어리게	143
두줄촉수	156
등빨간먼지벌레	103

ㅍ

ㅎ

A~Z

참고 문헌

Carleton, M.D. and G.G. 2005. Mussser, Order Rodentia, in Mammal species of the world: a taxonomic and geographic reference. Volume 2. Third edition., D.E. Wilson and D.M. Reeder, Editors. The Johns Hopkins University Press: Baltimore. p. 745-2142.

Kang, J.W. 1966. On the geographical distribution of marine algae inKorea. Bull. Pusan Fish. Coll. 7: 1-125.

Kang, J.W. and J.H. Park. 1969. Marine algae of Dok-do (Liancourt Rocks) in the Sea of Japan (1). Bull. Pusan Fish. Coll. 9:53-62.

Kim, W. and Kim, H.S. 1982. Classification and geographical distriburion of Korean crabs (Crustacea, Decapoda, Brachyura). Proc. Coll. Natur. Sci.,SNU, 7(1):133-159.

Lee, J.B., Kim, Y.K. and Y.S. Bae, 2014. Historical Review and Notes on Small Mammals (Mammalia: Erinaceomorpha, Soricomorpha, Rodentia) in Korea. Animal Systematics, Evolution and Diversity, 30(3):159-175.

Lee, G. S. and Y. S. Choo. 2009. Physical and Chemical Characteristics of Dokdo Soil. J. Ecol. Field Biol. 32(4):295-304.

Moon. 2007. Taxonomy and Ecological Study of Antipatharia(Cnidaria: Anthozoa) from Koria. A Thesis of the Graduate School of the Ewha Womans University. 122pp.

Reijnen B.T., McFadden C.S., Hermanlimianto Y.T., and van Ofwegen L.P. 2014. A molecular and morphological exploration of the generic boundaries in the family Melithaeidae (Coelenterata: Octocorallia) and its taxonomic consequences. Molecular Phylogenetics and Evolution, 70:383-401.

Riffenburgh. 2007. Encyclopedia of the Antarctic. Routledge, Tayler & Francis Group, New York. 1,272pp.

Sadava D., Hilli, D., Heller C., and Berenbaum M. 2012. Life: The Science of Biology, 9th edition. 1,258pp.

Sun, B.Y., Shin, H.C. Hyun, J.O. Kim, Y.D. and S.H. OH. 2014. Vascular plants of Dokdo and Ulleung-do islands in Korea. National Institute of Biological Resources. 360pp.

Tabak, M.A., et al. 2015. Modeling the distribution of Norway rats (Rattus norvegicus) on offshore islands in the Falkland Islands. NeoBiota. 24:33.

Woon, B.H. 1967. Illustrated encyclopedia of fauna & flora of Korea. Vol. 7. Mammals. : Minister of Education, Republic of Korea. 659.

Zavaleta, E.S., R.J. Hobbs and H.A. Mooney, 2001. Viewing invasive species removal in a whole-ecosystem context. Trends in Ecology & Evolution. 16(8):454-459.

국립생물자원관. 2012. 한국의 멸종위기 야생동·식물 적색자료집-관속식물. 국립생물자원관. 391pp.

국립생물자원관. 2014. 한반도고유종. 국립생물자원관. 912pp.

국립생태원. 2016. 2015 독도 생태계 정밀조사 보고서. 국립생태원. 269pp.

국립해양조사원. 2014. 우리나라 주변해역 해류도 개선연구-2. 해양수산부 국립해양조사원. 130pp.

국립환경과학원, 환경부. 2012. 제4차 전국자연환경조사 지침. 환경부 국립환경과학원. 486pp.

김미경, 신재기, 차재훈. 2004. 하계 독도 연안 해조류의 종조성 변동과 갯녹음 현상. Algae. 19:69-78.

김사흥. 2006. 독도의 생태 ② - 바다속 독도는 독도보다 크고 아름답다. 보건세계. 53(10):1-721

김사흥, 김용태. 2006. 독도생태계정밀조사 보고서-해양무척추동물 II(자포동물, 절지동물, 극피동물). 환경부. 149-178.

김사흥, 이종락, 김용태, 김학철, 양연식, 서승직, 박홍기. 2004. 한국산 연산호류(soft coral)의 인공증식 및 활용에 대한 연구. 수중과학기술, 5(1):17-24.

김영환, 김형섭, 김광훈, 이욱재, 옥정현, 이인규. 1996. 울릉도, 독도의 하계 해조상, 자연실태조사종합보고서. 10:275-320.

김용식. 1998. 울릉도 독도의 종합적 연구: 울릉도 및 독도지역의 식물생태계. 영남대학교 민족문화연구소. 621-678pp.

김철환. 2000. 자연환경 평가 - Ⅰ. 식물군의 선정-. 환경생물학회지. 18:163-198.

김형섭, 황일기, 김선미, 권천중. 2008. 독도 해조상과 계통지리학적 특성. 한국자연보호학회지. 2:38-58.

김훈수. 1960. 울릉도 및 독도산 게류와 집게류. 이화여자대학교 한국문화연구원. 1:341-344.

남기백, 이경규, 황재웅, 유정칠. 2014. 사수도에 번식하는 슴새의 둥지 사용률의 변화 및 집쥐의 포식률. Ocean and polar resaerch, 36(1):49-57.

대구지방환경청. 2010. 독도생태계 정밀조사. 환경부.

대구지방환경청. 2010. 독도 생태계 정밀조사 보고서. 대구지방환경청. 218pp.

대구지방환경청. 2013. 2013년 독도 생태계 모니터링 보고서. 대구지방환경청. 178pp.

대구지방환경청. 2014. 2014년 독도 생태계 모니터링 보고서. 대구지방환경청. 192pp.

동북아역사재단. 2017. 고등학교 독도 바로 알기. 동북아역사재단. 76pp.

박서경, 이정록, 허진석, 안대성, 이행필, 최한길. 2014. 한국 동해안 독도의 해조상 및 대황(Eisenia bicyclis) 부착기의 생물상. 한국생태환경학회지. 28(6):613-626.

박선주, 송임근, 박성준, 임동옥. 2010. 독도의 식물상과 식생. 한국환경생태학회지. 24(3): 264-278.

박재홍 외. 2012. 독도의 식물상. 독도 천연보호구역 모니터링 사업 보고서. 경북대학교 울릉도·독도연구소&경상북도. 65-96pp.

선병윤, 김철환. 1998. 獨島隣近海域의 環境과 水産資源 保全을 위한 基礎研究. 독도연구보전협회. 91-98pp.

선병윤, 설미라, 임진아, 김철화. 김태진. 2002. 울릉도 및 독도 고유 관속식물의 계통-독도의 식물 구계 및 세포분류학적 특성- 식물분류학회지. 32(2):143-158.

손연규, 박찬원, 장용선, 현병근, 송관철, 윤을수. 2011. 우리나라 독도 분포 토양의 특성. 한국토양비료학회지. 44(2):187-193.

손철현, 박찬선, 황은경. 1992. 독도 해조군집 예보 섬연구. 1:55-70.

송임근, 박선주. 2014. 독도의 미기록식물 참빗살나무: 핵과 엽록체 DNA의 A분자마커 이용. 환경생물학회지. 32(1):88-94.

양인석. 1956. 울릉도의 식생. 경북대학교 논문집. 1:245-275.

옥정현, 오윤식. 2006. 독도의 해조류, 독도생태계 정밀조사 보고서, 환경부. 103-120pp.

원병휘. 1958. 한국산포유류분포목록. 신흥대학논문집. 1:427-460.

유미림. 2015. 1905년 전후 일본지방세와 강치어업, 그리고 독도. 영토해양연구. 9:4-43.

유미림, 가제냐, 강치냐. 2015. 호칭의 유래와 변천에 관한 소고. 영토해양연구. 8:156-174.

유승훈. 2010. 독도의 경제적 가치 평가, 독도연구저널. 8:48-52.

이덕봉, 주상우. 1958. 울릉도 식물상의 재검토. 고려대학교 문리논문집. 3:223-296.

이돈화, 조성호, 박재홍. 2007. 독도 유관속 식물상과 종조성 분석. 한국식물분류학회지. 37(4): 545-563.

이두현. 2015. 청소년 독도 교과서, 푸른길.

이명수, 김치연. 2012. 하늘에서 바라본 한국의 숨결5 : 독도 / 경주의 숨결. 다래나무. 14-45pp.

이우철, 양인석. 1981. 울릉도 및 독도 종합학술조사보고서. 한국자연보전협회. 19:97-111.

이인규, 부성민. 1981. 울릉도, 독도의 해조상. 한국자연보존협회 조사보고서 19:201-214.

이창복. 1978. 독도의 식물상. 자연보존. 22:16-19.

전영권. 2005. 독도의 지형지. 한국지역지리학회지. 11(1):19-28

정금선, 김미선, 이웅, 박재홍. 2014. 엽록체 DNA를 이용한 섬괴불나무의 종내변이 및 지리학적 연구. 한국식물분류학회. 4(3): 202-207.

최경수, 손오경, 손성원, 김상준, 유광필, 박선주. 2013. 독도 돌피의 분류학적 실체. 한국자원식물학회지. 26(4): 457-462.

최미경, 김성철, 양문호, 홍정표, 김사홍, 김학철, 이종락. 2015. 제주의 산호. 한국수산자원관리공단. 지오북. 247pp.

최 윤. 2015. 독도 바닷물고기 탐구. 한국생태연구원. 161pp.

최창근, 권천중, 박규진. 2010. 독도의 해조류, 독도생태계 정밀조사 보고서. 환경부·대구지방환경청 139-153pp.

한국자연보존협회. 1976. 한국근해바다포유동물실태조사보고서. 51pp.

한국지질자원연구원. 2012. 독도도폭 지질조사보고서.

한국해양수산개발원. 2011. 독도사전(Encyclopedia of Dokdo). ㈜푸른길. 433pp.

해양과학기술원. 2014. 해양생물다양성 보전연구(2013년도 조사). 527pp.

해양수산부. 2015. 해양생태계 기본조사 2014년 - 울릉도, 독도해역- 해양환경관리공단. 373pp.

해양수산부. 2015. 국가 해양생태계 종합조사 - 해양생태총서, 해양환경관리공단. 146pp.

허영란, 유미림. 2018. 중학교 아름다운 독도, 천재교육. 151pp.

호사카 유지. 2012. 대한민국 독도 교과서, 휴이넘. 200pp.

환경부. 2006. 독도 생태계 정밀조사 보고서. 환경부. 181pp.

참고 사이트, 이미지 협조

경북대 울릉도·독도연구소	dokdo.knu.com
경북지방 경찰청 독도경비대	dokdo.gbpolice.go.kr
경상북도 사이버 독도	www.dokdo.go.kr
경찰청 공식 블로그 폴인러브	blog.naver.com/polinlove2
국립중앙박물관	www.museum.go.kr
국립청소년해양센터	nyoc.kywa.or.kr
국립해양박물관	www.knmm.or.kr
국토지리정보원 독도지리넷	dokdo.ngii.go.kr
대구경북공예협동조합	www.dkhand.or.kr
독도관리사무소	www.intodokdo.go.kr
독도박물관	www.dokdomuseum.go.kr
독도사랑운동본부	dokdosarang.org
독도연구소	www.dokdohistory.com
독도의용수비대	www.dokdofoundation.or.kr
독도재단	www.koreadokdo.or.kr
독도종합정보시스템	www.dokdo.re.kr
독도체험관	www.dokdomuseumseoul.com
독도 최종덕기념사업회	m.cafe.daum.net/Korea.Dokdo
독립기념관 독도학교	dokdo.i815.or.kr
사이버 독도사관학교	dokdo.prkorea.com
삼척시청	www.samcheok.go.kr
수영구청	www.suyeong.go.kr
서울대학교 규장각한국학연구원	e-kyujanggak.snu.ac.kr
외교부 독도	dokdo.mofa.go.kr
울릉군청	www.ulleung.go.kr
한국산악회	cac.or.kr
한국생명공학연구원	www.kribb.re.kr
한국우표포털	stamp.epost.go.kr
한국중부발전 공식 블로그	blog.naver.com/komipo_official
한국학중앙연구원	www.aks.ac.kr
해양환경공단 공식 블로그	blog.naver.com/koempr